"十四五"时期国家重点出版物出版专项规划项目

智能建造理论·技术与管理丛书

装配式建筑概论

主　编　吕　辉　吴　海

副主编　叶云雪

参　编　熊黎黎　钟延芬

机械工业出版社

本书系统地介绍了装配式建筑领域的相关理论知识及实践应用，全面反映了近年来我国装配式建筑的新发展。本书在内容上融合了 BIM 技术在装配式建筑中应用的相关理论知识，主要内容包括：绪论、装配式建筑材料、装配式建筑设计、装配式混凝土建筑、装配式钢结构建筑、装配式木结构建筑、装配式建筑外围护系统、结构分析方法、装配式结构设计、预制构件、装配式建筑施工、BIM 技术在装配式建筑中的应用。

为提高学生的知识迁移能力，本书专门提炼了学习重点、难点，深入分析了实际工程案例，将理论与实践融合，集知识性和实用性于一体。本书配套资源丰富，包括课件、课后题参考答案、施工视频等资源，采用本书作为教材的教师可登录机械工业出版社教育服务网（www.cmpedu.com），注册通过审核后免费下载使用。

本书既可作为高等院校土木工程、智能建造、工程管理等专业的教学用书，也可供研究生和相关技术人员参考。

图书在版编目（CIP）数据

装配式建筑概论/吕辉，吴海主编. —北京：机械工业出版社，2023.5（2025.1重印）

（智能建造理论·技术与管理丛书）

"十四五"时期国家重点出版物出版专项规划项目

ISBN 978-7-111-72373-8

Ⅰ.①装… Ⅱ.①吕… ②吴… Ⅲ.①装配式构件-概论 Ⅳ.①TU3

中国国家版本馆 CIP 数据核字（2023）第 054974 号

机械工业出版社（北京市百万庄大街 22 号 邮政编码 100037）

策划编辑：李 帅 责任编辑：李 帅 舒 宜

责任校对：梁 园 陈 越 封面设计：张 静

责任印制：张 博

北京瑞禾彩色印刷有限公司印刷

2025 年 1 月第 1 版第 6 次印刷

184mm×260mm · 12 印张 · 281 千字

标准书号：ISBN 978-7-111-72373-8

定价：39.90 元

电话服务 网络服务

客服电话：010-88361066 机 工 官 网：www.cmpbook.com

010-88379833 机 工 官 博：weibo.com/cmp1952

010-68326294 金 书 网：www.golden-book.com

封底无防伪标均为盗版 机工教育服务网：www.cmpedu.com

前　言

随着科学技术的发展以及人们节能环保意识的逐渐提升，装配式建筑受到了极大的重视，我国逐渐发展了一些适合国情的建筑技术，并且取得了较好的效果。

党的二十大报告指出："坚持把发展经济的着力点放在实体经济上，推进新型工业化，加快建设制造强国、质量强国、航天强国、交通强国、网络强国、数字强国。"发展装配式建筑是建造方式的重大变革，是我国建筑业的大势所趋，是推进供给侧结构性改革和新型城镇化发展的重要举措，它有利于节约资源、减少施工污染、提升劳动生产效率和质量安全水平，有利于促进建筑业与信息化、工业化深度融合，培育新产业的新动能，推动化解过剩产能。

装配式建筑大潮的兴起要求每一位建筑业从业者都要进行知识更新，不仅要掌握装配式建筑的知识和技能，还应当具有面向未来的创新意识与能力。建筑学科和管理学科相关专业的大学生更应当与时俱进，了解国内外装配式建筑的现状与发展趋势，掌握必备的装配式建筑知识与技能，适应新形势，奠定走向未来的基础。

本书注重知识的整体性、系统性和实用性，采取图文结合的方式，表达方式力求清晰，争取细化至每一个步骤。本书共 12 章，介绍了装配式建筑的基本概念、装配式建筑材料、装配式建筑设计、装配式建筑四大系统、装配式建筑结构分析方法、装配式建筑结构设计、预制构件、装配式建筑施工、BIM 技术在装配式建筑中的应用等知识。

全书由南昌航空大学教授吕辉、南昌师范学院副教授吴海主编，由吕辉负责全书的统稿和定稿工作。参编人员还有叶云雪、熊黎黎、钟延芬，具体分工：吕辉编写第 1、2 章；吴海编写第 3、4 章，叶云雪编写第 5、6、7 章，熊黎黎编写第 8、9、10 章，钟延芬编写第 11、12 章。

感谢南昌市政远大建筑工业有限公司为本书提供的装配式混凝土结构建筑工程实例照片、江西绿建城投杭萧科技有限公司为本书提供的装配式钢结构建筑工程实例照片、江西国金绿建建筑科技有限公司为本书提供的装配式木结构建筑工程实例照片。感谢北京构力科技有限公司为本书提供的软件实操图。

本书可作为在校师生教学和研究的工具书，为土木建筑专业学生提供实用性和知识性兼备的教材。由于编者水平有限，书中难免存在疏漏和不足之处，敬请读者批评指正。

编　者

目　录

前言

第1章　绪论 ……………………………………………………………………… 1

　　1.1　装配式建筑的概念 ……………………………………………………… 1

　　1.2　装配式建筑的历史 ……………………………………………………… 5

　　1.3　现代装配式建筑的发展 ………………………………………………… 6

　　1.4　装配式建筑结构体系 …………………………………………………… 11

　　1.5　装配式建筑的优点 ……………………………………………………… 18

　　1.6　装配式建筑的缺点 ……………………………………………………… 19

　　1.7　发展装配式建筑的意义 ………………………………………………… 20

第2章　装配式建筑材料 ………………………………………………………… 23

　　2.1　混凝土 …………………………………………………………………… 23

　　2.2　钢筋和钢材 ……………………………………………………………… 26

　　2.3　木材 ……………………………………………………………………… 28

　　2.4　装配式墙体的常用材料 ………………………………………………… 30

　　2.5　装配式建筑的连接 ……………………………………………………… 33

　　2.6　墙体接缝构造 …………………………………………………………… 34

第3章　装配式建筑设计 ………………………………………………………… 37

　　3.1　装配式建筑设计理念 …………………………………………………… 37

　　3.2　设计流程 ………………………………………………………………… 38

　　3.3　设计方法 ………………………………………………………………… 40

　　3.4　建筑设计要点与深度要求 ……………………………………………… 40

　　3.5　实例介绍 ………………………………………………………………… 44

第4章　装配式混凝土建筑 ……………………………………………………… 47

　　4.1　装配式混凝土建筑分类 ………………………………………………… 47

　　4.2　装配式混凝土楼盖 ……………………………………………………… 50

　　4.3　实例介绍 ………………………………………………………………… 54

第5章　装配式钢结构建筑 ……………………………………………………… 56

　　5.1　装配式钢结构建筑概述 ………………………………………………… 56

5.2　装配式钢结构建筑的特点 ·· 61

5.3　装配式钢结构建筑的发展方向 ·· 63

5.4　实例介绍 ·· 64

第6章　装配式木结构建筑 ·· 67

6.1　装配式木结构建筑概述 ·· 67

6.2　装配式木结构建筑的特点 ·· 72

6.3　装配式木结构在我国发展的优势和机遇 ···································· 73

6.4　装配式木结构在我国发展面临的难题 ·· 74

6.5　实例介绍 ·· 75

第7章　装配式建筑外围护系统 ·· 77

7.1　外围护系统概述 ··· 77

7.2　外围护系统的分类 ·· 78

7.3　外围护系统技术、难点和关键环节 ··· 85

第8章　结构分析方法 ··· 88

8.1　结构体系的一般规定 ··· 88

8.2　作用结构的验算 ··· 100

8.3　结构计算与分析 ··· 100

8.4　结构体系的选择 ··· 101

第9章　装配式结构设计 ·· 103

9.1　方案设计 ··· 103

9.2　整体计算 ··· 110

9.3　深化设计 ··· 112

9.4　施工图出图及报审文件生成 ··· 121

第10章　预制构件 ··· 129

10.1　预制构件的生产 ··· 129

10.2　预制构件的存放 ··· 132

10.3　预制构件的养护 ··· 134

10.4　预制构件的运输 ··· 135

10.5　质量验收 ·· 135

第11章　装配式建筑施工 ··· 138

11.1　施工前期准备 ·· 138

11.2　施工组织与管理 ··· 141

11.3　构件装配化施工 ··· 145

11.4　构件连接施工 ·· 154

11.5　装配施工质量控制与验收 ·· 159

第12章　BIM技术在装配式建筑中的应用 ·· 163

12.1　装配式建筑BIM简介 ··· 163

12.2 装配式建筑 BIM 应用流程 ·················· 164

12.3 BIM 在装配式设计阶段的应用 ·················· 164

12.4 深化设计 ·················· 168

12.5 BIM 技术在构件生产中的应用 ·················· 178

12.6 BIM 技术在物流运输中的应用 ·················· 179

12.7 BIM 技术在现场施工中的应用 ·················· 180

12.8 BIM 技术在装饰装修中的应用 ·················· 181

12.9 BIM 技术在装配式运维阶段的应用 ·················· 182

12.10 基于 BIM 技术的协同应用 ·················· 183

参考文献 ·················· 186

第1章 绪 论

【本章目标】

1. 重点掌握装配式建筑的基本概念、基本特征。
2. 掌握预制率和装配率的计算方法。
3. 了解国内外装配式建筑的发展历程及特点。
4. 熟悉装配式建筑体系的各种类别、特点及适用范围。
5. 掌握装配式建筑发展的优、缺点，了解发展装配式建筑的意义。

【重点、难点】

本章要求重点掌握装配式建筑的基本概念和基本特征，学习如何计算预制率和装配率以及描述装配式建筑发展的优、缺点。本章的难点在于运用所学知识，能够区分不同类别的装配式建筑。

■ 1.1 装配式建筑的概念

装配式建筑融合精确设计、批量生产、现场施工，具有质量好、工期短、能耗少等优点。随着生态建设的持续推进，传统的建造方式已不合时宜，无法满足建筑转型升级的需求，而装配式建筑以建筑工业化为目标导向，融合"创新、协调、绿色、开放、共享"的发展理念，是建筑业转型升级的必由之路，将推动建筑领域朝着多样化、智能化、绿色节约方向发展。

1.1.1 基本概念

1. 常规概念

装配式建筑（Prefabricated Building）是指通过可靠的连接方式在工地将预制构件装配而成的建筑。由此概念可知，装配式建筑具有以下两个基本特征：

（1）预制构件　由于预制构件如图 1-1~图 1-4 所示是在工厂提前预制的建筑产品，工业化建造程度高，所以装配式建筑又被定义为以工业化建造方式建造的建筑。装配式混凝土建筑部品是指由工厂生产，构成外围护系统、设备与管线系统、内装系统的建筑单一产品或复合产品组装而成的功能单元的统称。装配式混凝土建筑部件是指在工厂或现场预先生产制作完成，构成建筑结构系统的结构构件及其他构件的统称。这里提到的外围护系统是指由建筑外墙、屋面、外门窗及其他构件等组合而成，用于分隔建筑室内外环境的构件的整体。

图 1-1　预制梁

图 1-2　预制叠合板

图 1-3　预制楼梯

图 1-4　预制柱

（2）可靠的连接方式　装配式建筑的连接方式可分为干式连接和湿式连接两大类。干式连接（图 1-5），是指在施工现场无须灌浆或后浇筑混凝土，全部预制构件、预埋件和连接件都在工厂预制，施工现场通过螺栓或焊接等方式对预制构件进行连接，该方式可实现与现浇结构类似的承载力及刚度，但其延性及恢复力性能与现浇结构有所区别。湿式连接是指预制构件之间的节点区域钢筋相互连接，然后将现浇混凝土或灌浆材料将预制构件连为整体，从而达到节点等同现浇的效果。由干式连接装配而成的建筑称为全装配式建筑，由湿式连接装配而成的建筑称为装配整体式建筑。

2. 国家标准定义

装配式混凝土建筑、装配式钢结构建筑和装配式木结构建筑的国家建筑技术标准文件中定义装配式建筑为"结构系统、外围护系统、内装修系统、设备与管线系统的主要部分采用预制构件集成的建筑"。装配式系统构成框图如图 1-6 所示。

图 1-5 干式连接

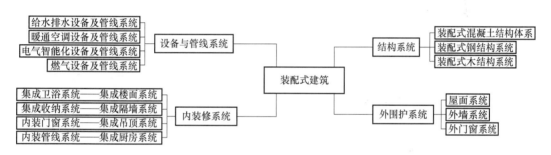

图 1-6 装配式系统构成框图

国家标准中关于装配式建筑的定义既有现实意义又有长远意义。这个定义强调装配式建筑是一个系统工程，其建造是一个全专业、全过程的系统组合与集成的过程，即以工业化建造方式为基础，实现装配式四大系统一体化和协同化，突出体现装配式建筑的整体性能和可持续性。

这个定义基于以下情况：

（1）住宅建筑的规模扩大 近年来，城镇化进程提速，人口数量不断增加，我国建筑，尤其是住宅建筑规模不断扩大，现有的建筑数量未能满足需求，装配式建筑以其质量、效率、成本、环保等优势恰好解决这一问题，并且能够推进建筑行业实现工业化与现代化。

（2）建筑标准需要提升 目前我国建筑标准较低，未形成统一的装配式生产、施工、验收规范，导致建筑适宜性较差，居民舒适度欠佳，建筑耐久年限较短。同时，配套的产品和服务也待健全，大部分房屋仍以毛坯房交付，设备与管线未分离，装配式内装修普及率低。强调 4 个系统集成，有助于建筑标准的全面提升。

（3）施工工艺相对落后 我国建筑业施工工艺相对落后，不仅表现在结构施工方面，还体现在设备和管线系统和内装修系统方面，标准化、模块化程度低，与发达国家比较还有较大的差距。

（4）建筑节能减排潜力大　由于建筑标准低和施工工艺落后，材料、能源消耗高，发展装配式建筑是我国节能减排的重要途径之一。

鉴于以上各点，强调4个系统的集成，不仅是"补课"的需要，更是适应现实、面向未来的需要。通过推广以4个系统集成为主要特征的装配式建筑，对于全面提升我国建筑行业现代化水平，改善环境、提高社会和经济等效益有着非常长远和积极的意义。

1.1.2　专业术语

1. 装配率

（1）基本概念　装配率是指装配式建筑中预制构件的数量（面积）占同类构件总数量（面积）的比例，即单位建筑室外地坪（±0.000标高）以上，围护和分隔墙体、装修与设备管线等采用预制构件的综合比例，主要用于评价建筑的装配化程度。

（2）计算　装配率应根据表1-1中评分项分值按式（1-1）进行计算：

$$S = \frac{\sum Q_i}{100 - q} \times 100\% \tag{1-1}$$

式中　S——装配率；

$\quad\quad Q_i$——各指标实际得分值；

$\quad\quad q$——单位建筑中缺少的评价内容的分值总和（例如：在学校的实验楼中，一般不存在厨房的建筑功能，则"整体厨房"评价项的分数计入 q 中）。

表1-1　装配式建筑评分表

评价项		评价要求	评价分值	最低分值
主体结构 Q_1（50分）	柱、支撑、承重墙、延性墙板等竖向构件	35%≤比例≤80%	20~30*	20
	梁、板、楼梯、阳台、空调板等构件	70%≤比例≤80%	10~20*	
围护墙和内隔墙 Q_2（20分）	非承重围护墙非砌筑	比例≥80%	5	10
	围护墙与保温、隔热、装饰一体化	50%≤比例≤80%	2~5*	
	内隔墙非砌筑	比例≥50%	5	
	内隔墙与管线、装修一体化	50%≤比例≤80%	2~5*	
装修和设备管线 Q_3（30分）	全装修	—	6	6
	干式工法楼面、地面	比例≥70%	6	—
	集成厨房	70%≤比例≤90%	3~6*	
	集成卫生间	70%≤比例≤90%	3~6*	
	管线分离	50%≤比例≤70%	4~6*	

注：表中带"*"项的分值采用"内插法"计算，计算结果取小数点后1位。

2. 预制率

（1）基本概念　预制率是指单位建筑在建筑室坪（±0.000标高）以上，结构构件采用预制混凝土构件的混凝土用量占全部混凝土用量的体积比。

（2）计算　预制率计算公式为

$$\rho_V = \frac{V_1}{V_1 + V_2} \times 100\% \tag{1-2}$$

式中 ρ_V——装配式建筑的预制率；

V_1——建筑室坪（±0.000 标高）以上，结构构件采用预制混凝土构件的混凝土用量或体积（计入 V_1 计算的预制混凝土构件类型包括：剪力墙、延伸墙板、柱、支撑、梁、桁架、屋架、楼板、楼梯、阳台板、空调板、女儿墙、雨篷等）；

V_2——建筑室坪（±0.000 标高）以上，结构构件采用现浇混凝土构件的混凝土用量或体积。

其中装配式混凝土建筑按预制率分级见表 1-2。

表 1-2 装配式混凝土建筑预制率分级

预制率	<5%	5%~20%	20%~50%	50%~70%	>70%
装配式混凝土建筑级别	局部使用预制构件	低预制率	普通预制率	高预制率	超高预制率

1.2 装配式建筑的历史

1.2.1 装配式建筑的源头

装配式建筑可以追溯到 6000 万年前，其灵感来源于大自然，例如：红蚂蚁、园丁鸟和乌鸦。红蚂蚁通过松针、小树枝、树皮、树叶等建造很大的蚁巢；南美洲的园丁鸟，利用树枝建造带庭院的房子；乌鸦会在树上用树枝搭建鸟巢，如图 1-7 所示。

图 1-7 用树枝搭建的鸟巢

1.2.2 原始社会的装配式建筑

从某种意义上来说，装配式建筑不是新事物，动物很早就会搭建"装配式建筑"。人类在农业社会出现前就有了装配式建筑。农业产生前，人类作为采集狩猎者，由于居住地域的资源有限，为了获取充足的食物，他们不得不到处游走。在这个时期，人类大多居住在山洞里，如图 1-8 所示。人类生活离不开食物和水，但是并非所有山洞都能满足人类的基本生活。同时，并非所有区域都有山洞，因此流动的采集、狩猎者们通过搭建帐篷或棚厦作为居所，这就是最原始的装配式建筑。

图 1-8 原始社会的住所

1.2.3 古代装配式建筑

古代装配式建筑是指人类进入农业时代并开始定居到 19 世纪现代建筑问世这段时间的

装配式建筑概论

装配式建筑。古代住宅以砖石和木材为主要原料，其中许多木结构住宅就是装配式建筑。除住宅外，古人建造的神庙、宫殿、坟墓等大型建筑也多为装配式建筑。

古希腊雅典帕特农神庙如图 1-9 所示，它属于装配式石材柱式建筑。科隆大教堂如图 1-10 所示，它位于德国西部莱茵河畔，顶部通过十字拱、立柱、框架结构提供支撑，建筑外部由石块砌成，镶嵌彩色玻璃装饰，它也属于石材装配式建筑。

图 1-9　帕特农神庙

图 1-10　科隆大教堂

1.2.4　现代装配式建筑

1851 年，英国建造了世界上第一座大型现代建筑——水晶宫，用于展示英国工业革命的成果。二战结束后，预制装配式建筑在欧洲发达国家得到了快速的发展，开启了建筑工业化的高潮。一方面，战争导致了大批住宅的损毁，而二战后欧洲各国经济复苏，城镇化发展迅猛，建筑物的数量与城市发展水平不匹配，短时间内需要建造大量住宅、办公楼、工厂等建筑；另一方面，战后人口数量锐减，劳动力市场紧缺，人工成本居高不下，而传统建筑业属于劳动密集型行业，生产效率低，不能满足当时所面临的建筑需求增长的迫切需求。当时的欧洲工业化水平比较先进，建筑工业化改革由此开始，装配式建筑应运而生。

■ 1.3　现代装配式建筑的发展

1.3.1　国外装配式建筑的发展状况

1. 欧洲地区

（1）法国　法国是世界上最早推行装配式建筑的国家之一，从 1959 年—1970 年，装配式建筑起步，1980 年后，装配式建筑体系化发展，至今已有 60 多年的历史。

法国装配式建筑以预制装配式混凝土结构为主，钢结构、木结构为辅，多采用框架或板柱体系，采用干法作业，结构、设备、装修三者分离，装配率可达 80%，并逐步向大跨度建筑方向发展。法国紧抓住宅大规模建设的有利契机，大力发展工业化建设方式，制定建筑部品模数协调原则，推行"建筑通用体系"，从而带动了装配式建筑的发展。

埃菲尔铁塔如图1-11所示。该建筑建造于法国大革命胜利100周年和巴黎世博会的重要时间节点，项目委员会从700件投标作品中选出该铁塔方案，希望能体现法兰西精神和时代特征。埃菲尔铁塔的成功建造不仅开启了装配式铁结构的里程碑，并且树立了超高层建筑的典范。

图1-11 埃菲尔铁塔

（2）德国 德国的装配式建筑起源于1920年，这一时期受到社会经济和建筑审美的影响，预制混凝土大板技术开始发展。1926年—1930年，德国建造的战争伤残住宅区属于最早的预制混凝土板式建筑。该类建筑采用预制混凝土多层复合板材构件，建筑层数为2～3层。二战后，德国的装配式建筑大规模发展，建筑基本采用预制混凝土大板技术，解决了当时住宅紧缺的问题。目前，由于大板技术在工程造价、建筑审美方面不具有优势，德国已不再采用该技术，开始因地制宜地发展装配式建筑，不以高装配率为目标，致力于精细化发展，从而实现个性、经济、功能、生态的平衡。

德国的装配式建筑有两大特点：一是，采用环保材料，注重施工工艺，建立标准规范，追求模数化，重视建筑的耐久性；二是，强调不同类型装配式建筑技术体系的研究，扩大规模化建设范围。

在德国预制装配式建筑发展过程中，预制混凝土大板建筑不仅规模最大，而且影响深远。柏林亚历山大广场的大板住宅如图1-12所示，该建筑建造于二战以后，为了在短期建设大量住宅以供使用，德国地区开始尝试大量建造预制板式居住区，亚历山大广场周围的大板住宅便是在该时期建造的。

图1-12 柏林亚历山大广场的大板住宅

（3）英国 英国早期装配式建筑受到住宅数量和建筑工人短缺的影响。一战结束后，英国装配式建筑规模小、装配程度低。由于建筑工人和建筑材料匮乏，住宅数量无法满足公众居住需要，急需探求新型的建造方式，装配式建筑应运而生，英国在当时共开发20

多项钢结构房屋体系。二战结束后，新建住宅和旧有贫民窟成为英国建筑的重点问题，英国住宅再次陷入困境。为解决这些问题，1945 年英国政府发布白皮书，强调提高工业化制造能力，解决建造能力的不足，清除贫民窟。20 世纪 50 年代—20 世纪 80 年代，该阶段装配式建筑蓬勃发展，预制混凝土大板方式、轻钢结构、木结构、铝结构建筑得以发展。20 世纪 90 年代，英国装配式建筑开始追求高品质发展，住宅需求不足的情况已基本解决。截至 21 世纪初期，英国装配式建筑的数量每年以 25% 的比例增加，装配式建筑行业前景良好。

英国政府以新产品开发、集约化组织、工业化生产为目标，在装配式建筑发展的过程中发挥了重要作用，从成本、时间、缺陷率、事故发生率、劳动生产率五大方向出发提高产值利润。此外，英国政府与行业协会积极开展合作，不断推进技术体系和标准体系的完善，推进装配式建筑项目的落地。英国装配式建筑形成了全产业链发展模式，包括了开发、设计、生产、施工、材料供应、物流全过程。此外，针对装配式建筑行业的专业技能要求，对工人进行专业水平和技能培训，加强全产业链人才的建设。

（4）瑞典　20 世纪 50 年代，瑞典出现了大量开发混凝土、板墙装配部件的企业。目前，瑞典装配式建筑市场占有率达到 80%，其装配式建筑相比传统建筑，可节省 50% 以上的能耗。

瑞典采用大型混凝土预制板的装配式技术体系，并将装配式建筑构件的标准化逐步纳入瑞典的工业标准。瑞典政府为推动装配式建筑发展，出台了一系列政策，如政府出资鼓励建筑产品采用国家标准协会的建筑标准制造。瑞典形成了独特的"瑞典工业标准"（SIS），构件实现模数化、标准化、系统化的结合。值得一提的是，瑞典的装配式木结构历史悠久，发展迅速，产业链极其完整和发达，包括低层、多层、高层建筑。在瑞典，90% 的房屋为木结构建筑，如图 1-13 所示。

图 1-13　瑞典木结构建筑

（5）丹麦　1960 年，丹麦制定了工业化的统一标准（《丹麦开放系统办法》），该文件规定凡是政府投资的住宅建设项目必须按照此办法进行设计和施工，将建造发展到制造产业化，强制要求设计模数化。丹麦在实现部件标准化的基础上，同时满足构件多元化的要求，从而实现建筑多元化与标准化的融合。丹麦是世界上第一个将装配式建筑模数法制化的国家，国际标准化组织以丹麦的标准为蓝本编制了 ISO 模数协调标准。受法国影响，丹麦装配式建筑多为混凝土结构，其预制构件产业发达，结构、门窗、厨卫等构件都实现了标准化。

2. 北美地区

（1）美国 美国装配式住宅起源于 20 世纪初，盛行于 20 世纪 70 年代能源危机期间。1976 年，美国国会通过了《美国国家工业化住宅建造及安全法案》，并出台了一系列严格的行业规范标准，一直沿用至今，并与后来的美国建筑体系逐步融合。美国成立了预制预应力混凝土协会（Precast/Prestressed Concrete Institute，PCI），致力于装配式建筑的研究，出台了许多装配式建筑的规范和标准。其出版的《PCI 设计手册》涵盖了装配式结构的相关内容，在美国和国际上影响广泛，并不断更新。此外，该协会还出版了《预制混凝土结构抗震设计》，剖析了预制建筑的抗震设计问题，归纳出最新抗震设计成果，对于结构设计和工程应用具有指导意义。

美国低层住宅主要采用装配式钢、木结构，高层住宅以框架轻板装配式住宅为主。美国装配式建筑主要由预制外墙和预制结构构件构成，采用大型化与预应力结合的方式优化了建筑结构，减少了建筑工程量，缩短了工期，展现了工业化、标准化、经济化的相互融合。预制构件生产的标准化程度高，标准构件的种类丰富，市场化程度高，满足用户的建造需求。此外，构件性能优越，通用性强，机械化水平得以提升。采用装配式装修方式，减少毛坯房的交付量，减少现场湿作业，最大限度地实现了节能、节地、节水、节材和保护环境的目标。

美国的装配式建筑经历了从追求数量到追求质量、从传统行业中低档品种到产业化中高档品种的阶段性转变，并且融入新环保绿色理念的技术，助推装配式建筑的发展。

美国考夫曼艺术表演中心如图 1-14 所示，其主要由预制件、金属屋面构成，建筑外立面由拱形玻璃组成，玻璃幕墙将建筑内部的钢梁包围，建筑顶部由不锈钢拱形屋面累积砌成，呈现出螺旋造型。

（2）加拿大 20 世纪 20 年代加拿大开始探索预制混凝土的开发和应用，20 世纪 60 年代—20 世纪 70 年代预制混凝土技术得到推广，并得到普遍应用。加拿大装配式建筑发展进程与美国发展相似，其大型预应力

图 1-14 美国考夫曼艺术表演中心

预制混凝土技术发达，预制构件通用性优良，建筑性能优越，在公共建筑、工业厂房中广泛应用。加拿大大城市主要以装配式混凝土和钢结构为主，小城镇多为钢或钢-木结构。

"栖息地 67"建于加拿大魁北克省蒙特利尔，如图 1-15 所示，其采用三维预制混凝土结构建成，于蒙特利尔世界博览会上展出。它营造了一个典范城市生活居所，价格低廉，包含住宅单元、步行街和电梯等多个组件。其具有 365 个预制混凝土模块单元，其重量高达 70t。在施工现场，这些单元被堆放在一起，最终建成了一座 12 层的建筑。它的外观极富艺术气息，给参观者带来视觉上的盛宴。

图 1-15 "栖息地 67"

3. 东亚地区

日本是东亚地区推行装配式建筑较早的国家之一。于 1963 年成立了预制建筑协会，1968 年提出装配式住宅的概念，1969 年制定了《推动住宅产业标准化五年计划》，1990 年推出采用的部件化、工厂化的生产方式，满足了生产效率高、住宅内部结构可变、适应多样化的需求。

为了解决人口密集、住宅市场需求大的问题，日本坚持发展住宅配件化的生产体系，形成了"都市再生机构骨架+填充"住宅体系，减少了地震对建筑的影响，提高了建筑的抗震性能。日本通过立法形式保障混凝土构件的质量，涵盖了设计、施工两方面，形成了统一的模数标准。日本设有专门机构推进装配式建筑发展，各机构职能分工明确，其主要职能部门有建筑产品工团和民间企业两类。建筑产品工团属于半政府、半民间组织，负责建筑产品试制、施工工法研究、标准化产品制作。民间企业负责装配式建筑的建设。日本政府对装配式建筑发展给予政策扶持，每五年更新一次住宅建设计划，该计划针对性强、特色鲜明，促进住宅产业发展，提高住宅性能品质。为推广装配式建造技术，日本优先在保障性住房领域发展装配式建筑，以此带动商品房项目建设。同时，内装修也采用装配式，将工业化制品运至现场进行干作业。

日本东京中银胶囊塔是世界上第一个胶囊建筑，如图 1-16 所示，属于典型的模块化的装配式建筑。

图 1-16 日本东京中银胶囊塔

1.3.2　我国装配式建筑的发展状况

1. 起步阶段

我国的装配式建筑起步较晚。20 世纪 50 年代，我国开始接触装配式建筑的概念。该时期正值新中国成立第一个五年计划阶段，受苏联工业化的影响，我国开始建造预制装配式建筑。1955 年，北京第一建筑构件厂在北京东郊百子湾兴建。1959 年，我国采用预制装配式混凝土技术建造北京民族饭店，该建筑采用预制装配式框架、剪力墙结构，建筑层数达到 12 层。

2. 持续发展阶段

20 世纪 60 年代—20 世纪 80 年代，预应力混凝土圆孔板、预应力空心板开始风靡，多种装配式建筑体系逐渐推广，我国装配式建筑迈入持续发展阶段。20 世纪 70 年代，预制构件因其无须支模、施工便捷、技术简单的特点，呈现出量大、面广的趋势。我国学习借鉴大板技术，墙板和楼板采用预制混凝土大板，建筑层数持续增高，建筑最高可达到 18 层，满足高层住宅的需求。据统计，截至 20 世纪 80 年代末，预制构件年产量为 2500 万 m^2，装配式建筑的比例占全国建筑量的 35.1%。该时期兴建的北京前三门住宅区的内墙采用大模板现浇混凝土，外墙采用预制混凝土板，属于新中国成立后最大的单项住宅工程。

3. 低潮阶段

然而 20 世纪 90 年代中期以后，装配式建筑比例逐渐下降，逐渐被全现浇混凝土建筑结构体系所取代。唐山地震发生后，预制房屋、厂房损坏严重，抗震性能堪忧。由于预制构件制作技术落后，预制构件拼装专业程度低，构件连接存在问题，建筑的整体性较差。建筑领域日益进步与装配式建造技术落后之间的矛盾，限制装配式建筑的发展。与此同时，现浇作业方式备受青睐，其抗震性能优越、劳动成本廉价，弥补了装配式结构体系的缺陷，得到了广泛的应用。

4. 新发展阶段

随着建筑技术的发展，建筑抗震性能研究取得了进展。建筑规模不断扩大，传统现浇暴露出弊端，如施工环境恶劣、环境污染严重、资源浪费严重、工程质量较差、不符合可持续发展要求等。传统建筑业面临转型升级，建筑工业化受到重视，装配式结构体系再次迎来新的发展机遇。在政策导向下，各省市都纷纷投入到装配式建筑建设中，致力于推进建筑工业化进程，高校和企业也响应国家号召，构建了产业创新联盟，攻克技术难关。

■ 1.4　装配式建筑结构体系

装配式建筑按主体结构材料分类大体可以分为：装配式混凝土结构（PC）体系、装配式钢结构体系、装配式木结构体系。

1.4.1　装配式混凝土结构体系

装配式混凝土结构体系是指以工厂化生产的混凝土预制构件为主，通过现场装配的方式设计建造的混凝土结构体系。

装配式建筑概论

装配式混凝土结构体系又细分为多种结构体系，包括大板结构体系、框架结构体系、预制外挂墙板体系、剪力墙结构体系、装配式混凝土框架-现浇剪力墙结构体系、盒子结构体系、空间薄壁结构体系等。

1. 大板结构体系

大板结构体系是指除基础以外的构件全部采用工厂预制、现场拼装的建筑。装配式大板结构的构件尺寸很大，通常以开间作为单位，墙板作为垂直承重构件，一个开间用一块墙板，楼板作为水平承重构件，一个房间用一块楼板。装配式大板建筑广泛应用于民用住宅建筑和单层工业厂房围护结构，也应用于医院、旅馆、办公楼等公共建筑。

装配式大板结构机械化程度高，劳动力投入低，施工效率大幅提升。施工时各工作面可以进行流水交叉作业，施工空间得到广泛利用。同时，现场作业量大幅减少，尤其是湿作业，可减少现场粉尘、噪声、垃圾的产生。但是，由于大板结构造价较高，在我国未得到广泛应用。大板结构单个构件尺寸较大，需要大中型起重设备进行组装，设备投资费用大，且大尺寸的构件使得建筑整体的造型布局受到限制，此外，构件接头处理比较复杂，如外墙板接缝防水构造问题、结构抗震性能未能得到很好的保障。

2. 框架结构体系

框架结构是指全部或者部分的框架梁、柱、板采用预制构件，现场进行吊装而成的装配式混凝土结构。装配式框架结构包括全预制框架结构和装配整体式框架结构，两者的主要区别在于节点连接的方式。前者采用干式连接，预制率高，但结构刚度和整体性较差。后者节点处采用湿式连接，运用叠合梁、板，能够达到和现浇混凝土框架相同的刚度。

装配式框架结构是目前应用最广泛、应用时间悠久的一种装配式建筑形式。装配式混凝土框架结构传力路径清晰，空间划分灵活，建筑平面布置高效，施工简单，符合预制装配化对结构的要求，广泛应用于大空间建筑、民用建筑。但是，装配式框架结构的构件生产时多采用固定模台方式，自动化程度低。其抗震性能较差，结构层数和建筑高度因此受到限制。

3. 预制外挂墙板体系

预制外挂墙板（简称为外挂墙板）如图 1-17 所示，是指安装在主体结构上，起围护、装饰作用的非承重预制混凝土外墙板。建筑外挂墙板根据饰面种类不同，可分为面砖饰面外挂板、石材饰面外挂板、清水混凝土饰面外挂板、彩色混凝土饰面外挂板等。预制外挂墙板广泛应用于混凝土或钢结构的框架结构的外墙。

预制外挂墙板具有设计美观、施工环保、造型多变等优点，在欧美国家已经得到

图 1-17 预制外挂墙板

了很好的应用与发展。近年来，随着我国装配式建筑快速发展，预制外挂板的应用越来越广泛。预制外挂墙板可以呈现美轮美奂的建筑外观效果，如采用石灰岩或花岗岩以及仿石材等实现砌砖体的复杂纹理和外轮廓，这些外观效果如果在现场采用传统的方法是非常昂贵的。

4. 剪力墙结构体系

（1）部分或全预制混凝土剪力墙结构体系　按照预制墙体使用部位的不同，装配式混凝土剪力墙结构可分为全预制装配式剪力墙结构和部分预制剪力墙结构。全预制装配式剪力墙是指全部剪力墙均采用预制构件，如图 1-18 所示。该结构体系的预制率高，但存在拼缝较多的问题，导致施工难度较大。由于该结构预制墙体之间采取湿式连接，故其结构性能通常小于或等于现浇结构的性能。

部分预制剪力墙结构主要是指内墙现浇、外墙预制的结构。采用预制外墙可以与保温、饰面、防水、门窗、阳台等一体化生产，充分发挥预制

图 1-18　三层全预制装配式剪力墙别墅

结构的优势。由于内墙现浇，结构性能和现浇结构类似，因此适用范围较广，适用的高度也较高。

尽管装配式混凝土剪力墙结构体系具有较高的预制率，但也存在一些缺点，例如具有较大的施工难度，具有较复杂的拼缝连接构造。到目前为止，不论是全预制剪力墙结构研究方面还是工程实践方面都有所欠缺，有待学者的深入研究。

（2）单面叠合混凝土剪力墙结构体系　单面叠合混凝土剪力墙结构体系是指建筑物外围剪力墙采用钢筋混凝土单面预制叠合剪力墙，其他部位剪力墙采用一般钢筋混凝土剪力墙的一种剪力墙结构形式。叠合桁架楼板如图 1-19 所示。和预制混凝土构件相同，预制叠合剪力墙板在工厂加工制作、养护，达到设计强度后运抵施工现场，安装就位后和现浇部分整体浇筑，形成预制叠合剪力墙。含建筑饰面的预制剪力墙板不仅可作为预制叠合剪力墙的一部分参与结构受力，浇筑混凝土时还可兼作外墙模板，外墙立面也不需要二次装修，可省去施工外脚手架。这种预制装配式外挂墙板（PCF）工法节省成本、提高效率、保证质量，可显著提高剪力墙结构住宅建设的工业化水平。单面叠合剪力墙是实现剪力墙结构住宅产业化、工厂化生产的方式之一。

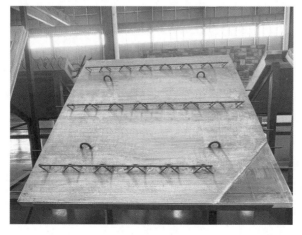

图 1-19　叠合桁架楼板

（3）双面叠合混凝土剪力墙结构体系　双面叠合混凝土剪力墙结构体系是指由叠合墙板和叠合楼板（现浇楼板）辅以必要的现浇混凝土剪力墙、边缘构件、梁共同体形成的剪力墙结构。在工厂生产叠合墙板和叠合楼板时，在叠合墙板和叠合楼板内设置钢筋桁架，钢筋桁架不仅作为连接双面叠合墙板的内外叶预制板与二次浇筑夹心混凝土之间的拉接筋，还作为叠合楼板的抗剪钢筋，既保证预制构件在施工阶段的安全性能，又提高结构整体性和抗剪性能。该结构体系的受力性能及设计方法与现浇结构差异较大，因此其适用高度较小。该结构体系通常适用于建筑高度在 80m 以下的建筑，当超过 80m 时，需进行专项评审。

双面叠合混凝土结构中的预制构件采用全自动机械化生产，降低了构件摊销成本。同时现场装配率及数字信息化控制精度高，整体性与结构性能好，防水性能与安全性能得到有效保证。

（4）"外挂内浇"PCF（预制装配式外挂墙板）剪力墙结构体系　"外挂内浇"PCF 剪力墙结构体系是指主体结构受力构件采用现浇，非受力结构采用外挂形式，即内墙用大模板支模、混凝土浇筑、墙体内配钢筋网架，外墙挂预制混凝土复合墙板并配以构造柱和圈梁所形成的一种结构体系。

该体系不仅现场机械化施工程度高，而且工厂化程度高，同时，外墙挂板带饰面可减少现场的湿作业，施工缩短装修工期。但是，外墙挂板构件断面尺寸准确、棱角方正，在运输堆放与吊装过程中需要严格做好产品保护。此外，外墙挂板的板缝防水和连接支座节点也要谨慎地处理，从而保障结构的安全性能。

外挂内浇剪力墙体系适用于 20 层以下有抗震要求的高层建筑，全部横、纵墙剪力墙均用大模板现浇，而非承重的外墙板和内隔墙板则采用预制的钢筋混凝土板或硅酸盐混凝土板。

5. 装配式混凝土框架-现浇剪力墙结构体系

装配式混凝土框架-现浇剪力墙结构体系，简称为框-剪体系，是指在装配式混凝土框架结构中的适当部位增设一定数量的钢筋混凝土剪力墙，形成的框架和剪力墙结合在一起共同承受竖向和水平力的体系。

该体系结构综合了两种结构体系的特性，既有框架结构布置灵活、使用方便的特点，又具有较大的刚度和较强的抗震能力，还能形成较大的空间，因此提高了建筑的性能和建筑空间的灵活性。但是由于布置受限，使得建筑物的建设高度受到限制，通常建筑总高度不宜超过 150m。此外，在这种结构体系中混凝土用量较多，自重较大。

6. 盒子结构体系

盒子结构体系是指在工厂中将房间的墙体和楼板连接起来，预制成箱型整体，甚至其内部的部分或者全部设备的装修工作（如门窗、卫浴、厨房、电器、暖通、家具等）都已经在箱体内完成，运至现场后直接组装成整体的结构体系。

盒子结构体系适宜大规模工业化生产，其工业化程度较高，预制程度可达到百分之九十。盒子建筑本身的搭建工作大部分已经在工厂中直接完成，在施工现场只需要负责盒子的置入和连接工作，基本上为干作业，因而大大减少了现场工作量，降低了施工建造的时间。从结构方面来看，盒子建筑中每个构件是独立的支撑单元，承载性能优越。且各个盒子之间通过统一拼装和浇筑保证建筑的整体性，因此其具有整体性强、安全性能高的特点。从经济角度来看，盒子结构节约材料，节省人力，同时考虑了建筑后期的维护成本，只需要负担盒子结构的安装费用，成本较低。

但是，生产盒子结构建筑要投入高昂资金生产预制构件，通过扩大预制工厂的规模可以控制成本。然而，实际生活中运用此结构的项目不多，企业承担的经济风险大，并且盒子构件、材料的运输安装需要购买大型设备，导致造价进一步增加，此外，公众缺乏对盒子建筑的了解。综上，在社会推广普及盒子结构难度较大。

7. 空间薄壁结构体系

空间薄壁结构体系是指由曲面薄壳组成的、承受竖向与水平作用的结构体系。该结构体系材料消耗量小，自重小，可以实现大跨度，适用于大型装配式公共建筑。悉尼歌剧院就是采用这种结构体系建造的（图 1-20），它由 10 对壳体、3 组壳片组成。

图 1-20　悉尼歌剧院

1.4.2　装配式钢结构体系

装配式钢结构体系是指在工厂化生产的钢结构部件，在施工现场通过组装和连接而成的钢结构体系。它具有安全、高效、绿色、可循环等优点，因而被广泛应用。

一千多年前，我国已经建造了铁塔，钢结构建筑已初露雏形，但由于钢材受限，钢结构未能用于建筑。上海国际饭店建于 1934 年，建筑高度为 83.8m，是我国最早的高层钢结构建筑。新中国成立后，在苏联的援助下，我国钢结构建筑取得了一定的进展，但是与现代装配式钢结构不同，当时的钢材在现场进行切割组装。截至改革开放以前，我国的钢材都比较稀缺。改革开放以后，钢产量增加，由于建筑发展的需要，我国引进了国外钢结构技术与设备，这一局面才得以缓解。20 世纪 90 年代，我国装配式钢结构发展迅猛，各种钢结构体系登台亮相，钢结构技术趋于完善。现阶段，我国装配式钢结构建筑步入快速发展阶段，钢产量已达到世界总产量的一半，居世界首位。

装配式钢结构体系主要包含钢管混凝土结构体系、新型模块化钢结构体系、钢管混凝土组合异形柱结构体系、整体式空间钢网格盒式结构体系、钢管束组合剪力墙结构体系等几种。

美国科罗拉多州空军小教堂是采用装配式钢结构体系建造的，如图 1-21 所示。它的外表面用钢管和铝板装配而成，中间由彩色玻璃面板连接，实现了结构和造型一体化，被称为"建筑艺术的极品"。

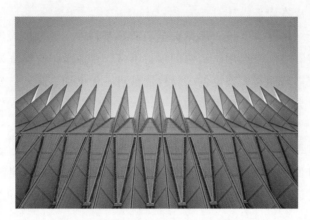

图 1-21　美国科罗拉多州空军小教堂

1. 钢管混凝土结构体系

钢管混凝土结构体系以钢管混凝土为基本受力构件，将混凝土填充到钢管中，同时设置钢板、核心筒等作为抗侧力构件，其围护结构以轻质混凝土砌块或新型轻质墙板为主。

该结构体系受力合理，塑性好，抗疲劳、冲击性能好，混凝土和钢材结合提高了建筑的承载能力。使用装配化的楼板，免去了模板的制作安装，钢管可作为承载骨架，免去了脚手架施工工艺，实现了部分装配化。与传统的钢柱建筑相比，该结构体系节省了一半的钢材，降低了建筑成本，具有显著的经济效益。但是，钢管混凝土装配式结构并没有实现主体结构系统与外围护系统、内部管线设备系统的一体化建造，楼板施工中的水电管线等设备大都需要敷设在现浇层内，这方面有待研究开发。

2. 新型模块化钢结构体系

新型模块化钢结构体系是指建筑结构、装修、设备管线一体化的建筑体系，其主体结构分为装配式主板和斜向支撑构件。装配式主板在工厂加工制作，并与斜向支撑立柱共同构成空间受力体系。装配式主板由压型钢板组合板、支撑钢桁架组成，主板内部嵌入暖通、消防、水电等管线设备。该体系通常适用于工业建筑，装配率可达到 90%。

该体系集成性好，工厂一体化预制，建筑整体性好，空间布置灵活，建筑抗震性能优越，但该结构存在结构受力构件裸露以及隔声效果差等问题。

3. 钢管混凝土组合异形柱结构体系

钢管混凝土组合异形柱结构体系是在矩形组合钢管中灌注混凝土，钢材和混凝土共同发挥作用，从而提高建筑的抗压和抗弯性能的结构体系。异形柱双向受力性能较好，截面尺寸较小，可嵌入墙体内，不形成凸角，房间布置灵活，建筑立面美观。该建筑体系通过竖向构件相互连接，具有较好的抗震能力。

4. 整体式空间钢网格盒式结构体系

整体式空间钢网格盒式结构体系通常采用钢框架-核心筒结构，它的承重墙及分户墙是将磷石膏或脱硫石膏浇筑于装配式钢网格框架中形成的，横向钢网格楼盖作为建筑的楼板，两者连接后其结构形式就形成了三维受力结构。空间钢板网格结构或钢框架-核心筒结构可以根据建筑功能自由划分，居室布置较为灵活。空间钢网格盒式结构多应用于高层建筑中。

5. 钢管束组合剪力墙结构体系

钢管束组合剪力墙结构体系主要由钢管束组合结构剪力墙、H 型钢梁、钢筋桁架楼板和轻质隔墙构成。其中，标准化的钢管组合形成钢管束，在钢管束内浇筑混凝土，形成钢管束剪力墙，并作为竖向承重构件和抗震防风构件。钢筋桁架则作为楼板体系，在工厂加工，现场浇筑。该结构体系利用机械进行钢筋绑扎，减少现场作业量；钢筋桁架板可直接铺设，无须支模和搭设脚手架；各楼层可同时施工，底部的钢模板可拆除重复使用，工程开发周期短。同时，钢管可根据实际需求进行任意排列，解决了梁柱在室内容易暴露的问题。其缺点是用钢量多，增加了施工工作量。

1.4.3 装配式木结构体系

装配式木结构体系是指主要的木结构承重构件、木组件和部品在工厂预制生产，并通过现场安装而成的木结构体系。木材属于天然可再生的绿色建材，纵观建筑的全生命周期，装配式木结构建筑具有环保优势，符合可持续性发展原则以及我国"双碳"目标，市场前景广阔，逐渐受到青睐。

我国木结构建筑历史悠久，并形成了独树一帜的建筑风格。位于山西省朔州市的应县木塔，建造于辽代，上千年来经历了数次大地震，仍屹立不倒，展现了我国古代木结构精妙的建筑技术。古代木结构在强震后安然无恙的一个重要原因在于斗拱结构，如图 1-22 所示，建筑各部分紧紧咬合，能够承受较大的荷载。新中国成立后，我国木结构建筑进入停滞期，主要有两方面的原因：一是，我国木材的需求量激增，大规模砍伐供不应求；二是，国外木材进口费用高。现阶段，退耕还林政策、速生材的种植、木材进口关税的下降，使我国木结构建筑重获新生。从结构装配角度，所有的木结构建筑都是装配式建筑，但是装配式木结构更加强调构件的预制化和集成化。

图 1-22 斗拱结构

随着科技的不断进步，木结构房屋不断演化改进，逐步形成了抬梁式构架和穿斗式构架两类主要体系并沿用至今。

1. 抬梁式构架

抬梁式构架是在立柱上架梁，梁上又抬梁，其特点是柱网下以石柱为基，上通过榫卯或斗拱承托横梁，横梁上再立短柱，承托更上一层横梁，最上一层横梁承托檩子。横梁跨度自下而上逐渐减小，形成坡屋顶构架。由于抬梁式采用大跨度的梁，柱子数量因此较少，能形成较大室内空间，适用于宫殿、庙宇等建筑。但是木材消耗大，导致抬梁式结构适应性不强。北京故宫太和殿采用的抬梁式构架如图1-23所示。

图1-23　太和殿

2. 穿斗式构架

穿斗式构架是利用穿枋把柱子串起来，形成一榀房架，檩条直接搁置在柱头，在沿檩条方向，再用斗枋把柱子串联起来，由此而形成屋架的构架。穿斗式构架的特点是柱子较细、较密，每根柱子上顶一根檩条，柱与柱之间用木串接，连成一个整体。穿斗式构架利用较小的材料建造较大的房屋，形成的网状构造十分牢固，提升建筑的整体性，加强建筑的抗震性能。但是由于柱、枋较多，柱子排列较密，室内不能形成连通的大空间。穿斗式构架主要用于民间住宅建筑物，盛行和流传于长江流域和长江流域以南地区。

3. 其他结构

除了上述最常见的梁柱式构架和穿斗式构架体系外，常见的木结构体系还有重型木桁架、门式框架、拱结构、穹顶结构等。重型木桁架采用截面较大的原木或方木并通过螺栓连接制成的构件，相对于均匀密布的木桁架来说，桁架间距一般较大。木结构门式框架与钢框架类似，采用两铰或三铰形式，通常用于单层工业建筑。拱结构大都用于桥梁或大型屋面结构，曲拱两端设置拉杆来维持平衡。穹顶结构将屋面荷载传递到下方的周边构件上，如果下方的这些构件有足够承载力和刚度，则穹顶结构跨度可做得很大，且穹顶杆件的截面高度较小。

■ 1.5　装配式建筑的优点

1. 施工效率高

与传统建筑形式比较，装配式建筑展现了其技术优势，施工效率明显提高。装配式建筑突出特点是预制化，先将各种施工构件流水化批量生产，再运到施工现场进行拼接。

这种施工模式简化了复杂的施工程序，省略了多余的施工步骤，降低了施工强度。工厂化、批量化的生产的方式，以工厂作业代替现场施工，改善了施工环境，缩短了现场制作的时间。装配式建筑施工的各项内容分化，现场湿作业少，生产线、结构施工、设备管线可同步流水作业，合理分配劳动力，同时不受气象因素的限制，构件制作能按时进行。这种装配式施工模式，提高了工程施工效率，同时节省了更多的施工材料。

2. 质量保障更高

预制构件属于装配式建筑的建筑基础，不仅对建筑生产质量具有直接影响，还在一定程度上关系着工程建筑的顺利进行。装配式建筑在设计阶段就提出了精细化、协同化的要求，要求构件细化设计，从而提高建筑的品质。经过检验出厂的预制构件，产品精度达到毫米级。在施工阶段，其拼装误差可以精确到毫米，而现浇混凝土施工的误差以厘米计算，误差大小远超过预制构件。此外，现浇混凝土在浇筑、振捣、养护过程的质量把控具有不确定性，装配式建筑采用自动化和智能化技术，可以最大限度地避免人为因素造成的错误，保障建筑的质量。

3. 安全性更高

装配式建筑工厂化程度高，施工地点由现场转移到工厂，由高空转移到平地，由室外转移到平地，施工环境得以改善。同时，施工现场仅需配备专业人员按施工标准组装，减少露天作业的施工风险，机械化程度高，高空作业工程量减少，工地作业人数也相应减少，提高了施工的安全性。此外，与工地施工相比，工厂作业的稳定性强，安全隐患减少，保障了施工人员的安全。

4. 节约建筑施工成本

装配式建筑的节省成本主要有三个方面：一是，制造成本，预制构件在工厂产业化的制作，批量化生产使得构件整体价格下降；二是，人力成本，无论是在生产环节还是在施工环节，用机械化生产代替人工作业的方式，工程投入的人力都远少于传统施工模式；三是，时间成本，装配式施工流程相对简单，缩短了工程的整体工期，节省了不必要的资源消耗，规避了一些施工风险，提高了工程的经济效益。

5. 资源利用率提高

采用装配式建筑形式，现场无须搭设脚手架和支模，材料消耗量小。装配式内装修和集成化也相应地节省材料。标准化生产、机械化施工、规范化流水作业，相比人工作业，资源利用率得到了提高。

■ 1.6　装配式建筑的缺点

1. 造价高

预制构件制作、运输、安装各环节需要严格把关，以保证建筑质量。装配式生产基地一次性投资大，构件摊销费因此提高。同时构件生产标准化程度低，构件价格提高。据统计，与一般构件相比，叠合构件厚度增加，造价预计上浮 $200 \sim 500$ 元/ m^2。对于规模小或者风格独特的建筑，装配式建筑并不经济合算。

2. 各种规范标准不完善、不系统

就装配式建筑目前的基础研究和工程实践而言，仍处于较匮乏的状态，装配式建造技术标准仍需补充完善。就装配式建筑设计、生产、验收等全过程而言，各城市都有针对性地出台了相应的标准，存在不同的操作建造标准，全国未形成统一的标准，使得各地装配式建筑发展参差不齐，各阶段衔接不紧密，呈现的效果不尽如人意。

3. 设计、施工技术达不到要求

装配式建筑的质量保障的关键在于连接节点的处理，构件的制作及节点施工复杂，精度要求高，而目前节点处延性处理仍不满足结构要求，限制了装配式建筑在高度、造型等方面的发展。此外，一些施工单位技术研发滞后，施工管理水平有限，使我国装配式建筑落后于发达国家水平。

■ 1.7　发展装配式建筑的意义

1. 生存环境的迫切需求

近年来，全球气候不断变暖带来了一系列的环境问题，无论是对生态系统还是人类健康都造成直接的破坏和影响。建筑行业作为碳排放来源的主要"贡献者"之一，是节能减碳的重点方向。目前，我国是全球第一建筑大国，其中，既有建筑中高耗能建筑比例达到99%，每年新增建筑面积超过全球新增房屋的半数，新建建筑中95%以上仍是高能耗建筑，单位建筑面积采暖能耗是发达国家新建建筑能耗的3倍。

随着绿色经济发展理念深入人心，传统建筑施工模式存在资源消耗大、污染排放高等问题，而装配式建筑具有优质高效、节能、省材的特点，正好弥补了传统施工的缺点，其产品多样优势显著，生产安装绿色高效，是行业转型的有力抓手。结合节能环保要求，装配式建筑可以从源头把控构件品质，将节能措施融入生产工艺，确保预制产品符合节能标准，对于改善人居环境，提高住房品质具有重要意义。与此同时，装配式建筑符合国家绿色低碳的发展目标，是目前国家重点推进的发展领域。

2. 劳动年龄人口增速减缓的长远需求

相关研究发现，总人口增速与经济增长之间不存在显著关系，而劳动年龄人口（15～64岁）的增长速度越快，表明一个地区的经济增速加快。

传统建筑业属于劳动密集产业，从人口数量上看，建筑从业人员规模庞大，劳动量需求大，特别是年轻人。传统建筑业主要依靠劳动力投入的作业模式，劳动生产率水平较低，建筑质量问题屡见不鲜，导致建筑行业发展停滞不前，呈现低效、高成本的状况。

随着我国劳动年龄人口增速减缓，国家经济发展政策的扶持，各种新兴产业势如破竹，就劳动强度、就业环境而言，传统建筑行业存在明显劣势，对劳动人口的吸引力较弱，导致劳动人口聚集在新兴产业，偏离传统建筑业，并且劳动力存在结构性短缺的情况，技术工人稀缺。因此，建筑业改革势在必行，必须要加快建筑工业化步伐，大力发展装配式建筑，推进农民工向建筑产业工人的转型，加强人才培养和技术培训，逐渐实现高效的工业化生产，摆脱低效、粗放的生产方式。

3. 技术进步提升国力的根本需求

目前，建筑业信息化管理水平不断提高，但我国建筑物联网建设还处于初级阶段。建筑业信息化管理涉及设计、生产、施工、运维全过程，信息化水平的高低一定程度上会影响建筑工期和质量。当前，装配式建筑与建筑信息模型结合的方式已经成为各国装配式建筑发展的新模式，在技术创新、产业整合、集成出口方面具有促进作用。住房和城乡建设部于2016年出台《2016—2020年建筑业信息化发展纲要》，该纲要明确指出我国装配式建筑信息化发展的方向，以建筑行业信息化为重点，带动工业化和信息化协同发展。技术进步是当前提升国力的根本需求，装配式建筑的发展同样离不开技术的支撑，只有加快建筑智造进程，推进信息化与工业化融合，协同全产业发展，提升产品质量，紧跟物联网的步伐，才能推进装配式建筑的高质量发展。

4. 住房品质提升的必由之路

住房是人民群众最大的民生问题之一。传统住宅施工质量问题频发，如常出现屋顶渗漏、墙体开裂等问题。传统建筑业发展未能跟上经济发展步伐，与时代发展脱轨。装配式建筑正好解决了这一问题，采用工业化制品和装配化作业，提高了建筑精度，解决了质量通病，延长了建筑的使用寿命，改善了居住体验，不断推进我国住宅的发展。

 知识归纳

1. 装配式建筑是指由预制构件在工地通过可靠的连接方式装配而成的建筑。

2. 装配式建筑的两个基本特征为预制构件和可靠的连接方式。

3. 国家建筑技术标准文件中将装配式建筑定义为"结构系统、外维护系统、内装修系统、设备与管线系统的主要部分采用预制构件集成的建筑"。

4. 我国装配式建筑的发展经历了四个阶段：起步阶段、持续发展阶段、低潮阶段、新发展阶段。

5. 装配式建筑按主体结构材料分类大体可以分为装配式混凝土结构体系、装配式钢结构体系、装配式木结构体系。

6. 装配式混凝土结构体系包括大板结构体系、框架结构体系、预制外挂墙板体系、剪力墙结构体系、装配式混凝土框架-现浇剪力墙结构体系、盒子结构体系、空间薄壁结构体系等。

7. 装配式钢结构体系主要包含钢管混凝土结构体系、新型模块化钢结构体系、钢管混凝土组合异形柱结构体系、整体式空间钢网格盒式结构体系、钢管束组合剪力墙结构体系等。

8. 装配式木结构体系是指主要的木结构承重构件、木组件和部品在工厂预制生产，并通过现场安装而成的木结构体系。

9. 随着科技的不断进步，木结构房屋不断演化改进，逐步形成了抬梁式构架和穿斗式构架两类主要体系并沿用至今。

10. 装配式建筑具有施工效率高、质量保障更高、安全性更高、节约建筑施工成本、资源利用率提高等优点。目前装配式建筑仍存在造价高，各种规范标准不完善、不系统，设计、施工技术达不到要求等问题。

习 题

1. 简述装配式建筑的概念和特征。
2. 国家建筑技术标准关于装配式建筑的定义是什么?
3. 简述我国装配式建筑的发展历程。
4. 装配式建筑按主体材料可划分为哪几类? 它们各有什么特点?
5. 简述装配式建筑的优点和缺点。
6. 发展装配式建筑的意义有哪些?
7. 读者通过学习国外发达国家的装配式技术发展经验,可得到哪些启示?
8. 从建筑的全生命周期出发,阐述装配式建筑的特点。

第 2 章　装配式建筑材料

■ 2.1　混凝土

2.1.1　混凝土的性能

　　将胶凝材料、粗骨料、细骨料和水按特定比例配制，经搅拌、浇筑、养护、硬化，形成的一种人造石材，通常被称为混凝土，其具备相当的强度，是当代最主要的建筑材料（建材）之一。

　　混凝土的主要性能包括强度和和易性。

　　（1）强度　混凝土硬化之后，能够抵抗拉、压、弯、剪等应力，这种能力被称为强度，它是硬化之后混凝土最重要的力学性能。影响混凝土强度的因素除了与其组成材料的不同有关，还与各材料之间的比例、搅拌、成型养护等工序的作业质量有关。

　　根据国家相关标准，混凝土的强度等级由 150mm×150mm×150mm 的立方体试件，以标准试验方法养护 4 周或设计规定龄期，同时具有 95% 保证率的抗压强度确定。

　　混凝土的抗压性能较高，但抗拉强度仅为抗压强度的 1/20～1/10，所以应该防止混凝土在拉应力或复杂应力状态下工作。

（2）和易性　混凝土浇筑工艺的复杂程度取决于混凝土质量是否均匀，压实的混凝土能否获得较好的混凝土质量，这称为混凝土的和易性。为了保证建筑工程在施工时操作简单、混凝土成型密实，通常选用坍落度较小的混凝土。

混凝土的工作性能还涉及抗渗性、耐久性和可变形性，这些特性都会影响混凝土构件的工作能力。在装配式混凝土建筑的施工中，除了预制构件阶段必须采用混凝土，现场浇筑时也需用混凝土进行后浇。

2.1.2　预制构件混凝土

不同于现浇混凝土建筑，所有构件直接浇筑形成于建筑本身，装配式建筑的预制构件需要运输、吊装、连接等工序后才能使用到建筑中。由于整个过程中可能有无法预计的构件组合荷载，在施工时通常会设法提高预制混凝土构件的质量，如规定预制构件的混凝土强度不宜低于C30，规定预应力预制混凝土构件的混凝土强度等级不宜小于C40，且不应小于C30。预制构件的材料特性和生产工艺决定了混凝土的主要工作性能指标。

拌制混凝土的各原材料须进行质检，合格后方可采用。混凝土应当使用有自动计量装置的强制式搅拌机搅拌，并具备将生产数据逐盘录入和可以对信息实时检索的功能。混凝土应当按照混凝土配合比通知单进行生产，原材料每盘称量的允许偏差应符合《装配式混凝土建筑技术标准》（GB/T 51231—2016）的规定。混凝土原材料每盘称量的允许偏差见表2-1。

表2-1　混凝土原材料每盘称量的允许偏差

项次	材料名称	允许偏差
1	胶凝材料	±2%
2	粗、细骨料	±3%
3	水、外加剂	±1%

预制混凝土构件的接触面往往做成粗糙面或键槽，以保证预制构件之间通过现浇混凝土浇筑后可以可靠连接。

当预制构件的结合面凹凸不平，或有骨料暴露于表面时，就可以认为是粗糙面。粗糙面的面积不宜小于结合面的4/5，预制板的凹凸深度不应小于4mm，预制梁、立柱和墙体的端部的凹凸深度不应小于6mm。

当预制构件的结合面凹凸连续且表面规则时，则称这种结构为键槽，可以使预制构件与后浇混凝土一起受到一定的荷载。

键槽的尺寸与数量应经计算确定，相关规定见表2-2。

表2-2　键槽的尺寸与数量的确定

键槽位置	要求
预制梁端面	其深度不宜小于30mm，宽度不宜小于深度的3倍且不宜大于深度的10倍；键槽可贯穿截面长度，当不贯通时，槽口距离截面边缘不宜小于50mm；键槽间距宜等于键槽宽度；键槽端部斜面与水平方向倾角不宜大于30°

（续）

键槽位置	要求
预制剪力墙侧面	其深度不宜低于 20mm，宽度不宜小于深度的 3 倍且不宜大于深度的 10 倍；键槽间距宜等于键槽宽度；键槽端部斜面与水平方向倾角不宜大于 30°
预制柱底部	其深度不宜小于 30mm；键槽端部斜面与水平方向倾角不宜大于 30°

预制梁端面应设有键槽且宜设计为粗糙面。预制建筑构件粗糙面的制作一般采取在模板表面预涂缓凝剂的工艺，待脱模后采用高压水流冲刷露出骨料，也可以在叠合面粗糙面混凝土初凝前进行拉毛处理。拉毛处理是一种施工方法，主要用于贴瓷砖，因为光滑的墙面贴瓷砖不很稳妥且不牢固。拉毛处理有 3 种方法：一是，用切割机在墙上划上很多凹槽；二是，用扫帚蘸取水泥浆水，在墙面拍打，这样水泥水会渗入，表面形成一个个凸点；三是，高压水拉毛，用超高压水射流直接在墙面上划出很多深沟。

以下情况应将接触面设置为粗糙面：

1）预制板与后浇混凝土叠合层间的结合面。

2）预制梁与后浇混凝土叠合层之间的结合面。

3）预制剪力墙的顶部和底部与后浇混凝土的连接面。

4）侧面与后浇混凝土的结合面（也可设置键槽）。

5）预制柱的底部应设有键槽且宜做成粗糙面，柱顶应设置粗糙面。

2.1.3　后浇混凝土

目前，我国国内的装配式混凝土建筑的施工重点主要是装配的整体式结构（图 1-18），需要在构件连接部位浇筑混凝土，使得预制混凝土构件之间得到可靠的连接。

装配式混凝土建筑中，现浇混凝土必须达到 C25 的强度等级。施工中采用自密实混凝土对连接区段进行现浇，克服了施工由于连接区段小引起的作业面小和混凝土浇筑振捣质量难以保证的困难，其他部位的现浇混凝土也建议采用自密实混凝土。

自密实混凝土流动性高、稳定且均匀，能靠自身的重力作用流动填满模板，浇筑过程无须像普通混凝土一样借助外力振捣使其成型均匀。

配制自密实混凝土的水泥需要具有凝结时间长、流动性好的特点，如硅酸盐水泥或普通硅酸盐水泥。为获得均匀性较高的自密实混凝土，粗骨料的最大公称粒径不宜大于 20mm，对于结构复杂的工程及特殊结构建筑，粗骨料的最大公称粒径不宜大于 16mm。

自密实混凝土宜采用集中搅拌方式制造，其搅拌时间应比非自密实混凝土相应延长，且不应少于 60s；运输过程中应保持运输车的滚筒以 3~5r/min 匀速运转，卸料前宜高速旋转 20s 以上。此外，还应保证自密实混凝土泵送和浇筑过程的连续性。

2.2 钢筋和钢材

2.2.1 钢筋

1. 纵向受力钢筋

装配式混凝土建筑宜采用高强度钢筋。

纵向受力普通钢筋宜采用 HRB400、HRB500、HRBF400、HRBF500 钢筋，其中，梁、柱纵向受力普通钢筋应采用 HRB400、HRB500、HRBF400、HRBF500 钢筋。钢筋的强度标准值应具有不小于95%的保证率。

普通钢筋在采用灌浆套筒连接和浆锚搭接连接时，应采用热轧带肋钢筋（HRB）。HRB钢筋的肋有助于钢筋与灌浆料的内部产生摩擦力而有效地传递应力，使形成的连接接头更紧密而可靠。

2. 钢筋锚固板

为减少钢筋的锚固长度、节约钢材，施工人员常在钢筋端部设置钢筋锚固板，用于承受压力，这种做法安全可靠、施工简单、操作速度快，同时解决了节点核心区钢筋拥堵的现象，有着极好的发展前景。钢筋锚固板如图 2-1 所示。

钢筋锚固板安装

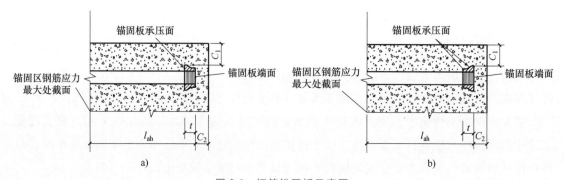

图 2-1　钢筋锚固板示意图

a）锚固板正放　b）锚固板反放（与正放等效）

按照发挥钢筋抗拉强度的机理不同，锚固板分为全锚固板和部分锚固板。全锚固板是指依靠锚固板承压面的混凝土的承压作用，发挥钢筋抗拉强度的锚固板；部分锚固板是指依靠埋入长度范围内的钢筋与混凝土黏结和锚固板承压面的混凝土的承压作用所共同发挥钢筋抗拉强度的锚固板。

锚固板应按照不同分类确定其尺寸，且应符合《钢筋锚固板应用技术规程》（JGJ 256—2011）中的以下要求：

1）全锚固板承压面积不应小于钢筋公称面积的9倍。

2）部分锚固板承压面积不应小于钢筋公称面积的4.5倍。

3）锚固板厚度不应小于被锚固钢筋直径的1倍。

4）当采用不等厚或长方形锚固板时，除应符合上述面积和厚度的规定外，尚应通过省部级主管部门组织的产品鉴定。钢筋锚固板实物如图 2-2 所示。

5）采用部分锚固板锚固的钢筋公称直径不宜大于 40mm，当公称直径大于 40mm 的钢筋使用于锚固板锚固钢筋时，还应经过试验验证确定其设计参数。

图 2-2　钢筋锚固板实物图

钢筋焊接网生产

3. 钢筋焊接网

钢筋焊接网是指将相同或不同直径钢筋以一定间距正交地放置，并在各个交叉点上采用电阻点焊的方式将钢筋焊在一起的钢筋网片。钢筋焊接网如图 2-3 所示。钢筋焊接网适合工厂化和大规模生产，产品经济效益好、符合环境保护要求，是适应建筑工业化发展趋势的新兴产物。

在预制混凝土构件中，为进一步提高生产效率，在墙板、楼板等板类构件中常使用钢筋焊接网。在进行结构布置时，应合理确定预制构件的尺寸和规格，方便钢筋焊接网的使用。

4. 吊装预埋件

装配式建筑构件宜预装吊装孔或装有内埋式吊杆、内埋式螺母，保证施工的方便和吊装时的安全可靠，同时节约了材料。如果采用钢筋吊环，应采用未经冷加工的 HPB300 级钢筋制作。吊装预埋件如图 2-4 所示。

图 2-3　钢筋焊接网

图 2-4　吊装预埋件

2.2.2　钢材

钢材牌号和钢材性能的选用需要全面考虑结构的重要性、荷载形式、连接方式、钢材厚度以及工作环境，保证结构的承受能力，防止发生脆性破坏。承重结构钢材的屈服强度至少应达到 235MPa，其质量也应满足相关现行国家标准的要求。

2.3 木材

三大传统建筑材料之一的木材，质量轻而强度高、导电性能与导热性能低，具有较好的弹性和韧性，且易于加工。但由于天然木材具有各向异性，易受潮、易腐蚀、易燃，加之生产周期长，所以当选择木材作为建筑材料时，应节约使用，必要时和其他材料结合使用。

建筑工程中常用木材按用途和加工程度分为原条、原木、锯材和枕木四类，见表2-3。

表2-3　常用木材按用途和加工程度分类

常用木材名称	加工程度	用途
原条	除去皮、根、树梢的木料，但尚未按特定规格加工成规定直径和长度的材料	主要用于建筑工程的脚手架、建筑用材和家具等
原木	已经除去皮、根、树梢的木料，并已按一定尺寸机械加工成符合规定直径和长度的材料	主要用于建筑工程的屋架、檩、椽等；也可用作桩木、电杆、坑木等；对原木机械加工后可制得胶合板、造船、用作机械模型等
锯材	通过机械加工后锯解成材的木料，凡宽度为厚度的3倍或3倍以上的称为板材，低于3倍的称为枋材	主要用于建筑工程、桥梁、家具、造船、车辆、包装箱板等
枕木	按枕木截面尺寸和长度加工而成的材料	主要用于铁道工程

2.3.1 胶合板

胶合板如图2-5所示，它是一类三层或者更多层的板材，一般为奇数单板，通常为3~13层，单板的纤维紧密地相互垂直。不同国家对胶合板制作使用的原材料不同，我国主要使用落叶松、南方松、杉木等。三合板和五合板在工程中最为常用。

胶合木需要通直放置的地方厚度可以选择材料计算结果的较大值，抗弯部位受胶合木的受弯性能影响对板材厚度有一定的限制。胶合板材质均匀，强度好，无明显纤维饱和点，低吸湿性，无翘曲、开裂，无疵病，幅面大，应用简便，装饰性好。

图2-5　胶合板

2.3.2　纤维板

将树皮、刨花、纸条等原材料浸泡软化后磨成粉状再调成木浆，随后加入有机胶黏剂或直接利用木料自身的胶黏成分，通过热压技术与烘干技术形成纤维板这种人造板材。根据热压与烘干时的压强和气温不同，又将纤维板分为硬质纤维板、半硬质纤维板和软质纤维板三种。纤维板如图 2-6 所示，硬质纤维板如图 2-7 所示，半硬质纤维板如图 2-8 所示。

图 2-6　纤维板

图 2-7　硬质纤维板

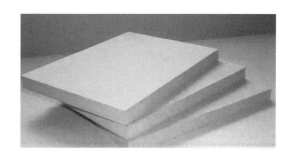

图 2-8　半硬质纤维板

纤维板对木材的利用率超过了 90%，材质均匀，各方向强度恒定，柔韧性好，不易热胀冷缩，不易断裂，木材的所有缺点都能够完全避免。

硬质纤维板在建筑上应用广泛，可用于内墙板、门板、地板、家具等装饰品以代替木板。由于小表观密度（<400kg/m³）和高孔隙率，软质纤维板多用于保温隔热、隔声吸声。

2.3.3　刨花板、木丝板、木屑板

刨花板、木丝板、木屑板是分别以刨花、木丝、木屑为主要原材料，通过相同工艺制成的板材。这类板材有着较小的表观密度与强度，通常在有隔热和吸声要求时使用。如需用于吊顶和隔断作用时，只需经过饰面处理，方便快捷。刨花板所建房屋如图 2-9 所示、木丝板如图 2-10 所示。

图 2-9 刨花板所建房屋

图 2-10 木丝板

■ 2.4 装配式墙体的常用材料

现代墙体建筑材料的发展大致有砖、砌块和板材三大类，主要追求节能环保、耐久性以及功能性三大目标。

装配式墙体材料相较于传统墙体材料的优势就是可以更好地满足建筑施工标准化和模数化的生产要求。目前，我国大部分采用的现代墙体材料是以节能保温为主的墙体板材，将砖和砖块建筑材料用于装配的情况不多，而国外发达国家早已开始以烧结砌块墙体和功能性墙板体系为主的现代墙体建筑材料部品部件的使用。

2.4.1 节能烧结保温砌块墙体

节能烧结保温砌块是一种新型的烧制而成的节能墙体建筑材料，目前大致分为三类：烧结多孔保温薄壁砌块、烧结空心砌块和复合保温烧结砌块。市场上还有一种烧结空心楼板块用于楼层制作。烧结保温砌块墙体的原材料有页岩、粉煤灰、煤矸石、淤泥等，产品类型较单一，解决了建筑工程中节能保温与结构荷载的问题，主要用于装配式建筑承重墙体及外保温围护结构。

2.4.2 尾矿节能保温墙板

为了响应建筑节能发展装配式建筑的要求，以铁尾矿和页岩为重要原材料的尾矿节能保温墙板逐渐发展起来，采用"颚式破碎+球磨混料工艺技术"，变废为宝，后经燃气式隧道窑烧制而成。这些节能墙板具有多重厚度和尺寸，厚度为 0~30cm，宽度为 0~1.5m，由于具备优异的热工性能，主要用于装配式建筑承重墙体及混凝土结构体系的外保温围护结构。

2.4.3 蒸压加气混凝土板

蒸压加气混凝土板如图 2-11 所示，简称为 ALC 板，主要原料有水泥、石灰、硅砂等。它是指按照构造的特点加入不同数量的已防腐处理的钢筋材料或钢筋网片，经高温高压、蒸压养护形成的一种轻质多孔的新型环保墙体材料。它的孔隙率达 70%~80%，因而具有自重轻、绝热性好、隔声吸声等性能。

蒸压加气混凝土板应用广泛，易于加工，其力学性能好，所以常用于装配式混凝土结构和装配式钢结构的内外墙体、屋面和楼面。

2.4.4　预制混凝土夹心保温复合墙板

预制混凝土夹心
保温复合墙板

预制混凝土夹心保温复合墙板采用混凝土、钢筋和钢材、拉结件、高效绝热材料、脱模剂等为主要原料，经混凝土搅拌、成型、养护、脱模起吊生产而成，常见于装配式建筑的承重墙体、非承重墙体、隔断及外保温围护结构。预制混凝土夹心外保温围护结构如图 2-12 所示。预制混凝土夹心保温复合墙板主要有四种类型，见表 2-4。

图 2-11　蒸压加气混凝土板

图 2-12　预制混凝土夹心外保温围护结构

表 2-4　预制混凝土夹心保温复合墙板的主要类型

主要类型	说明
采用金属拉接件技术的夹心保温板	采用不锈钢拉接件连接内外层混凝土板，可以充分免除墙板周边及窗洞口附近的混凝土肋，并针对不同的外墙保温条件增加绝热材料厚度
采用非金属连接件技术的夹心保温板	由复合纤维连接件、挤塑板等建筑保温材料所构成，应用时将连接件的两端放入支架内进行锚固，并将保温材料固定在中间
采用预制混凝土外模板技术的夹心保温板	外叶面板作为外模板，在外模板内部安装绝热材料，并利用拉接螺栓与内模板连接，该工艺特别适用于抗震条件较高区域的高层建筑中
采用预制混凝土夹心保温承重外墙板	墙板内侧的混凝土板作为承重结构层，厚度可按照结构设计要求决定，一般为 16～20cm；外层混凝土板作为装饰面层，通过拉接件挂在结构层上

2.4.5　功能化复合墙板

功能化复合墙板的种类随着对建筑功能需求量的提高而不断增多，目前主要有保温装饰一体化板、纸面石膏板复合墙板、纤维增强硅酸钙复合板三类。

1. 保温装饰一体化板

金属面保温装饰一体化板由外而内分别是表面铝板、无极硅钙板、保温层和地面铝箔四部分。薄石材保温装饰一体化板由面板、保温层、底衬经自动化生产线一次性复合而成，两者均适用于外墙的外挂保温系统。该墙板用途广泛，既适用于寒冷的北方，也适用于炎热的南方。保温装饰一体化板如图 2-13 所示。

2. 纸面石膏板复合墙板

纸面石膏板复合墙板如图 2-14 所示，其面层为纸面石膏板的预制复合板，其芯材为绝热材料。纸面石膏板复合墙板大部分用于装配式建筑的内隔墙，部分用于轻钢结构外墙。

图 2-13　保温装饰一体化板

图 2-14　纸面石膏板复合墙板

3. 纤维增强硅酸钙复合板

纤维增强硅酸钙复合板如图 2-15 所示，它是以钙质材料（如消石灰粉、水泥、电石泥）、硅质材料（如粉煤灰、石英砂、硅藻土）、增强纤维（如纸浆、硅灰石及其他材料）为原料的复合墙板，经制浆、成型、蒸压养护、砂光等工序制成。纤维增强硅酸钙复合板大部分用于装配式建筑内隔墙，小部分则用于轻钢结构外墙。

2.4.6　建筑隔墙用轻质条板

建筑隔墙用轻质条板如图 2-16 所示，其按类型分为空心条板、实心条板、复合条板。在墙板中，陶粒混凝土板、玻璃纤维增强水泥条板、玻璃纤维增强石膏空心条板、钢丝（钢丝网）增强水泥条板、轻混凝土条板、复合夹芯轻质条板、石膏空心条板等均属于建筑隔墙用轻质条板。

建筑隔墙用轻质条板

建筑隔墙用轻质条板大部分用作装配式建筑内隔墙，小部分用于轻钢结构外墙。

图 2-15　纤维增强硅酸钙复合板

图 2-16　建筑隔墙用轻质条板

2.4.7　其他装配式墙板

除上述墙板以外，市场上还有用于装饰的外挂条板、钢板间隔墙和建筑用 U 形玻璃墙板。外挂装饰条板是一种用于装配式建筑的新型幕墙材料，常常采用干挂式安装。

钢板间隔墙一般用于装配式房屋的内隔墙，可以对大的空间范围进行功能分区和限定。

建筑用 U 形玻璃墙板生产方法有压延法、辊压法和浇注法三种，压延法在生产时最常用，可用于装配式建筑非承重的内外墙、隔断及屋面。

■ 2.5　装配式建筑的连接

2.5.1　装配式建筑的连接方式

装配式建筑的连接方式主要分为框架梁柱节点的连接和（轻质）墙板的连接。

1. 框架梁柱节点的连接

（1）湿连接　湿连接是需要在现场对各构件节点进行浇筑的连接。湿连接的梁柱构件提前在工厂预制完成，通过运输、吊装、拼接组成建筑结构。湿连接又分为灌浆连接、普通现浇连接、普通现浇整体式连接、浆锚连接等。湿连接施工总体性能好，其节点的抗震性能、变形性能基本与现浇的节点相当；其缺点在于湿连接施工工序多，施工技术复杂，耗时长，所以应用较少。

（2）干连接　干连接是指对构件节点使用连接件的连接，包括焊接、螺栓连接、铆钉连接、结构胶或结构胶-自攻螺钉复合连接、螺纹套筒连接和螺栓紧固件的连接等。与湿连接相比，干连接施工相对简单，更符合建筑工业化的发展趋势，同时采用该方式连接的建筑物的整体刚度和承载力与现浇结构相近，但恢复力性能和延性相对现浇的装配式框架结构较差，对建筑物的抗震不利。

2. 轻质墙板的连接

（1）内嵌式连接　内墙与钢框架的连接常采用内嵌式，包括螺栓连接和 U 形卡连接，U 形卡连接如图 2-17 所示。内嵌式对内墙与框架的要求相对较低，构造简单，但是会大幅度降低钢结构的整体性，所以在钢结构建筑中需要合理提高钢结构的刚度。

（2）外挂式连接　预制外挂墙板只承受直接作用于自身的（如地震、结构自重、风等）荷载，常用于外墙。外挂式

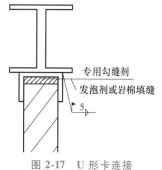

图 2-17　U 形卡连接

轻质板材墙体材料施工速度快，通过增加技术含量、改善细节即可克服钢结构构件的挠度变形。当轻质条板之间的墙体材料相同时，连接操作变得更加简单，而且轻质墙板因光滑平整、易于装饰的优点不易出现冷、热桥现象。

当然，外挂式连接也有某些不尽如人意的地方。例如，由于对材质的选用要求较高等，使得相应墙体结构的造价也相对较高。同时，为了避免墙体自重传递至连接构件造成结构损

坏，在承重部位通常并不选用轻质墙板。此外，严寒地区的墙体厚度也应适当增加，这就导致连接件整体尺寸相应提高。连接件从强度上来说，尽管对钢结构整体的贡献不大，但是其对轻质条板的影响不能忽视。轻质条板连接件将会是未来钢结构产业化、标准化发展的重要指南。

2.5.2 连接材料

1. 钢筋连接件

常见的钢筋连接件有直螺纹套筒、锥螺纹套筒、灌浆套筒等，装配式预制混凝土构件中常用灌浆套筒。灌浆套筒通过在套筒中倒入水泥基浆料，使钢筋与套筒之间产生黏结咬合力，从而使钢筋相互对接并连接。锥螺纹套筒如图 2-18 所示，灌浆套筒如图 2-19 所示。

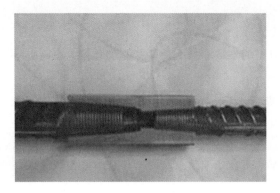

图 2-18 锥螺纹套筒

图 2-19 灌浆套筒

2. 预埋件

装配式预制混凝土构件中的预埋件有起吊件、安装件等，而对需要裸露等特殊的埋件，要经过热镀锌加工。

3. 保温连接件

保温连接件又称为拉结件，可以使内外墙板形成一个整体，常用于连接预制夹心保温墙体的混凝土墙板，传递外叶面板剪力。连接件应满足防腐和耐久性要求，连接件的选型和布置需要进行荷载计算。

保温连接件按材质可分为非金属和金属两大类，其中玻璃纤维复合材料（ERP）和不锈钢连接件应用最广。

保温连接件

■ 2.6 墙体接缝构造

建筑物的竖直方向建筑构件（如墙体）主要用于承重、围护和分隔空间，外墙构件需具备除内墙所必须具备的强度、刚度和稳定性以外的保温隔热、隔声、防火和防水性能。

装配式混凝土施工中，墙体间的接缝质量的好坏对上述性能要求能否达到产生重要的影响，所以在施工时必须保证接缝处良好的施工。接缝材料应能与混凝土相容，且具有上述墙体所需的性能要求，其抗剪和伸缩变形能力应符合规定。如果外墙需具有防水能力，需选择也具有防水能力的嵌缝材料，且嵌缝深度不得小于 2cm。

目前常用的防水方法是构造防水和材料防水相结合的防水措施。其中，防水材料常采用具有弹性塑料棒为背衬的耐候性防水密封胶条；防水构造常采用高低企口缝、双直槽缝等构造措施。外墙板接缝防水施工应由专业人员进行，外墙防水措施如图 2-20 所示。

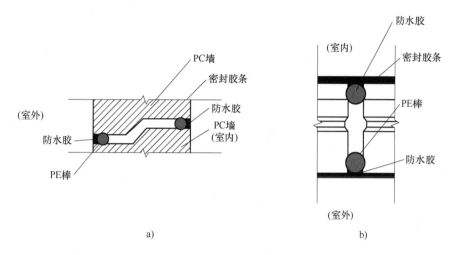

图 2-20　外墙防水措施

a）水平接缝防水措施　b）竖直接缝防水措施

外墙板的板缝空腔在接缝防水浇筑之前需要清理干净，以便于施工。施工时应按设计要求填塞背衬材料。密封材料嵌填应饱满、密实、均匀、顺直、表面平滑，其厚度应符合设计要求。

 知识归纳

1. 将胶凝材料、粗骨料、细骨料和水以一定比例配合，经搅拌、浇筑、养护、硬化，形成一种人造石材，通常称为混凝土，其具有一定的强度。

2. 混凝土的主要性能包括强度和和易性。混凝土硬化之后，能够抵抗拉、压、弯、剪等应力，人们将这种能力称为强度；混凝土浇筑工艺的复杂程度取决于混凝土是否质量均匀，压实的混凝土能获得较好的混凝土成型质量，称为混凝土的和易性。

3. 预制构件的混凝土强度等级不宜低于 C30。规定预应力预制混凝土构件的混凝土强度等级不宜低于 C40，且不应低于 C30。

4. 预制混凝土构件的接触面往往做成粗糙面或键槽，以保证预制构件之间通过现浇混凝土浇筑后可以可靠连接。当预制构件的结合面凹凸不平，或有骨料显露在表面时，就可以认为是粗糙面；当预制构件的结合面凹凸连续且表面规则时，则可以称这种构造为键槽。

5. 装配式混凝土建筑中，现浇混凝土的强度等级不应低于 C25。

6. 结合部位和接缝处的现浇混凝土宜采用自密实混凝土，其他部位的现浇混凝土也建议采用自密实混凝土。保证自密实混凝土泵送和浇筑过程的连续性。

7. 装配式混凝土建筑宜采用高强度钢筋。纵向受力普通钢筋宜采用 HRB400、HRB500、HRBF400、HRBF500 钢筋，其中，梁、柱纵向受力普通钢筋应采用 HRB400、HRB500、HRBF400、HRBF500 钢筋。普通钢筋在采用灌浆套筒连接和浆锚搭接连接时，应采用热轧带肋钢筋。

8. 锚固板是指设置于钢筋端部用于钢筋锚固的承压板。按照发挥钢筋抗拉强度的机理不同，锚固板分为全锚固板和部分锚固板。

9. 钢筋焊接网是指将相同或不同直径钢筋以一定间距正交地放置，并在各个交叉点上采用电阻点焊的方式将钢筋焊在一起的钢筋网片。

10. 木材按用途和加工程度分为原条、原木、锯材和枕木四类。

11. 现代墙体建筑材料主要包括砖、砌块和板材三大类。

12. 装配式建筑的连接方式主要分为框架梁柱节点的连接和（轻质）墙板的连接。装配式框架梁柱节点的连接按施工方式的不同可分为湿连接和干连接；轻质墙板的连接主要分为内嵌式连接和外挂式连接。

13. 接缝材料应能与混凝土相容，且具有上述墙体所需的性能要求，其抗剪和伸缩变形能力应符合规定。如果外墙需具有防水能力，则需选择也具有防水能力的嵌缝材料，且嵌缝深度不得小于 2cm。

 习 题

1. 预制混凝土构件表面的粗糙面和键槽分别有哪些要求？
2. 装配式墙体按其结构形式可分为哪几类？
3. 装配式建筑连接方式按其施工方式可以怎样划分？
4. 简述外墙接缝处常用的防水措施。
5. 以小组为单位去建材市场了解常用的墙体材料，比较其与所学的知识有什么异同点，最后以 PPT 形式展示成果。
6. 进行小组讨论：各构件在连接时需要注意哪些问题？

第3章 装配式建筑设计

■ 3.1 装配式建筑设计理念

3.1.1 理论

各种技术要素的"碎片化"以及缺少系统性整合的问题在绝大程度上制约了建筑业的发展。装配式建筑设计秉持"系统工程理论"的理念，以如何实现"系统性"为核心，把建筑相当于一个烦琐的系统，最大限度地利用系统集成思想，将设计、生产、装配、管理与控制等阶段融合一起，实现工程的高效高质。

作为建筑建造方式的重大改革，装配式建筑具有工业化建造的特征——半手工、半机械化施工，流程标准化，生产数据化。装配式建筑以建筑为最终产品，房屋设计时应充分考虑工业化的建造方式，使建造过程宛如产品的生产过程。建筑设计师通过对建造全过程的把控，实现建筑的标准化、一体化、工业化和组织化。装配式建筑施工如图 3-1 所示。

图 3-1　装配式建筑施工

3.1.2　核心

作为装配式建筑工作的核心，标准化设计需满足简单化、系列化、通用化、组合化、模块化及模数化六大原则。标准化设计是提高装配式建筑质量、效率、效益的重要手段，是建筑设计、生产、施工、管理之间技术协同的桥梁，是装配式建筑在生产活动中能够高效率运行的保障，因此，发展装配式建筑必须以标准化设计为基础。

建筑的标准化、系列化和集约化的实现，得益于标准化设计方法的建立，同时推动了建筑技术产品的集成，实现了从设计到建造，从主体到内装，从围护系统到设备管线全系统、全过程的工业化。

标准化设计是实现社会化大生产的基础，只有实现标准化设计，才能实现专业化和协作化，才能实现多专业的协作。有效解决了装配式建筑因建造技术与标准之间不协调甚至相互矛盾的问题，可以在一定程度上统一科研、设计、开发、生产、施工和管理等方面的认知，编制设计、制作和施工安装的成套设计文件，协调行动，推动装配式建筑的持续健康发展。

3.1.3　原则

装配式建筑标准化设计坚持"建筑、结构、机电、内装"一体化和"设计、加工、装配"一体化的基本原则，即从模数统一、模块协同、少规格、多组合、各专业一体化考虑，实现平面、立面、构件以及部品的标准化。所以，应以构件的少规格、多组合和建筑部品的模块化和精细化为标准化设计的落脚点。

为满足用户的使用需求，同时达到节约用地的目标，设计师可以根据户型，通过对模块、通用接口等进行不同的组合，形成以有限模块实现无限生长的设计效果。建筑立面的多样化和个性化则通过装配式建筑外围护结构（如幕墙、外墙板、门窗、阳台）及色彩单元的模块化集成技术来实现。

■ 3.2　设计流程

装配式建筑的设计流程：任务书/合同→建筑技术策划→建筑方案设计→建筑初步设计→建筑施工图设计→部品部件深化与加工设计→竣工验收。装配式建筑设计流程如图3-2所示。

前期的技术策划很大限度影响了项目的实施，应协同考虑各种影响因素，各专业充分配合，根据项目定位、装配化目标、成本限额、生产工艺、构件运输等，合理制定建筑方案，因地制宜地积极采用新材料、新产品和新技术，提高构件的标准化程度，同时咨询专业单位，与其共同确定装配技术实施方案，为后续的设计工作提供设计依据。

在方案设计阶段，平面组合设计和立面设计应充分符合技术策划的要求，为提高模板的使用率和体系的集成度，还要保证构件间的模数协调；立面设计则结合装配式建造方式，对外墙构件进行设计组合，实现立面的多样化和个性化。

设计过程以建筑标准化设计为主线，辅以各专业之间的协同设计，以完善建筑整体设计，在施工图设计时开始进行系统性的集成设计，最后完成施工图的深化设计。

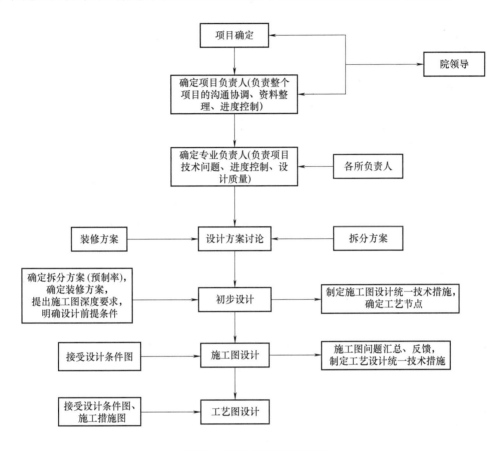

图 3-2　装配式建筑设计流程

设计协同一般由建筑专业牵头，各相关专业根据建筑专业提供的设计条件和资料进行设计，到设计后期时，将各自的设计成果和技术资料反馈回建筑专业进行整合。建筑专业整合时将各专业间的碰撞问题进行分析磋商，严格校审和协调，与各专业取得一致意见并确认后进行下一步的设计，如此循环往复，不断优化建筑的功能和品质。

在集成设计时对结构系统、外围护系统、设备与管线系统和内装系统进行深度整合，重点进行构件的复合设计和设备管线的综合设计；同时应确定构件及管线间的连接方式，保证连接节点的安全性和耐久性，体现出装配式建筑产业的优势。

建筑信息模型技术和信息管理平台的使用，平衡了各专业间的协同，提升了协同和集成效率，优化了建筑的整体设计，使得建筑构件和功能模块可以精准集成。

施工图的深化是对方案细节的优化和施工图的再一次绘制，这次绘制增加了原设计方案的收口细节、施工方式和材料配制等，整理组合后可形成一套完美的可实施施工图。

3.3 设计方法

3.3.1 标准化

设计方法标准化包括施工图设计标准化、构件拆分设计标准化、节点设计标准化三方面。其中，施工图设计标准化是指施工图设计需考虑工业化建筑必需的标准化设计，通过合理的节点将具有标准化模数的标准化构配件进行多种可能性组合，打造出与众不同的建筑整体。构件拆分设计标准化是指构件厂根据图纸对构件进行拆分，保证结构安全的同时最大限度减少构件的种类，减少构件模具的种类。

节点设计标准化是指预制构件之间、预制构件与现浇结构之间节点的设计，需参考国家标准规范图集同时考虑现场施工的可操作性，保证施工质量，避免复杂连接节点造成现场施工困难。

3.3.2 模数化

只有完成了建筑的模数化设计，才能实现装配式建筑的标准化设计。设计过程遵守模数协调原则，以达到建筑与部品、部品与部品之间模数协调，进而各类模块达到一体化。国际模数标准有基本模数和扩大模数，我国的装配式建筑主要根据国际模数标准来进行设计，以此实现建筑标准化乃至建筑工业化。由于模数需满足小型部品的灵活性，又需简化大型部品的种类，所以在模数大小的选择上没有特别的规定，但是存在着模数尺寸上限和下限的要求。

3.3.3 一体化

只有实现一体化协同设计，才能保证工厂化生产与装配化施工。装配式建筑应利用包括信息技术在内的各种手段进行建筑、结构、机电设备、室内装修、生产、施工一体化设计，实现各专业间、各工种间的协同配合。在装配式建筑的设计中，所有参与者都必须对“协同”有一个认识，在各专业材料整合的各个阶段都要小心谨慎，实现信息的互联互通，确保落实到工程上所有信息的正确性和唯一性。

3.4 建筑设计要点与深度要求

3.4.1 规划设计要点解析

预制装配式建筑的规划设计在满足采光、通风、间距、退线等规划要求情况下，宜优先采用由套型模块组合的住宅单元进行规划设计。以安全、经济、合理为原则，考虑施工组织流程，保证各施工工序的有效衔接，提高效率。由于预制构件需要在施工过程中运至塔式起重机所覆盖的区域内进行吊装，因此在总平面设计中应充分考虑运输通道的设置，合理布置预制构件临时堆场的位置与面积，选择适宜的塔式起重机位置和吨位，塔式起重机位置的最终确定应根据现场施工方案进行调整，以达到精确控制构件运输环节、提高场地使用效率、确保施工组织便捷及安全的目的。

3.4.2　平面设计要点解析

预制装配式建筑平面设计应遵循模数协调原则，优化套型模块的尺寸和种类，实现住宅预制构件和内装部品的标准化、系列化和通用化，完善住宅产业化配套应用技术，提升工程质量，降低建造成本。以住宅建筑为例，在方案设计阶段应对住宅空间按照不同的使用功能进行合理划分，结合设计规范、项目定位及产业化目标等要求确定套型模块及其组合形式。平面设计可以通过研究确定符合装配式结构特性的模数系列，形成一定标准化的功能模块，再结合实际的定位要求等形成合适工业化建造的套型模块，由套型模块再组合形成最终的单元模块。

建筑平面宜选用大空间的平面布局方式，合理布置承重墙及管井位置，实现住宅空间的灵活性、可变性。套内各功能空间分区明确、布局合理。通过合理的结构选型，减少套内的承重墙体，使用工业化生产且易于拆改的内隔墙划分套内功能空间。

3.4.3　立面设计要点解析

预制装配式建筑的立面设计应利用标准化、模块化、系列化的套型组合特点，预制外墙板可采用不同饰面材料，从而展现不同肌理与色彩的变化，通过不同外墙构件的灵活组合，实现富有工业化建筑特征的立面效果。预制装配式建筑外墙构件主要包括装配式混凝土外墙板、门窗、阳台、空调板和外墙装饰构件等，可以充分发挥装配式混凝土剪力墙结构住宅外墙构件的装饰作用，进行立面多样化设计。

立面装饰材料应符合设计要求，预制外墙板宜采用工厂预涂刷涂料、装饰材料反打、肌理混凝土等装饰一体化的生产工艺。当采用反打一次成型的外墙板时，其装饰材料的规格尺寸、材质类别、连接构造等应进行工艺试验验证，以确保质量。

外墙门窗在满足通风、采光的基础上，通过调节门窗尺寸、虚实比例以及窗框分隔形式等设计手法形成一定的灵活性；通过改变阳台、空调板的位置和形状，可使立面具有较大的可变性；通过装饰构件的自由变化可实现多样化立面设计效果，满足建筑立面风格差异化的要求。

3.4.4　预制构件设计要点解析

预制装配式建筑的预制构件的设计应遵循标准化、模数化原则，应尽量减少构件类型，提高构件标准化程度，降低工程造价。对于开洞多、异形、降板等复杂部位可考虑现浇的方式。注意预制构件重量及尺寸，综合考虑项目所在地区构件加工生产能力及运输、吊装等条件，同时预制构件具有较高的耐久性、耐火性，设计时应充分考虑生产的便利性、可行性以及成品保护的安全性。当构件尺寸较大时，应增加构件脱模及吊装用的预埋吊点的数量，预制外墙板应根据不同地区的保温隔热要求选择适宜的构造，同时考虑空调留洞及散热器安装预埋件等安装要求。机电预留洞如图 3-3 所示，空调板的连接如图 3-4 所示。

图 3-3　机电预留洞

图 3-4　空调板的连接

对于非承重的内墙，宜选用自重轻、易于安装和拆卸、隔声性能良好的隔墙板等。可根据使用功能灵活分隔室内空间，非承重内墙板与主体结构的连接应安全可靠，满足抗震及使用要求。用于厨房及卫生间等潮湿空间的墙体应具有防水、易清洁的性能。内隔墙板与设备管线、洁具、空调设备及其他构配件的安装连接应牢固可靠。

预制装配式建筑的楼盖宜采用叠合楼板，结构转换层、平面复杂或开间较大的楼层、作为上部结构嵌固部位的地下室楼层宜采用现浇楼盖。楼板与楼板、楼板与墙体间的接缝应保证结构整体性。叠合楼板应考虑设备管线、吊顶、灯具安装点位的预留预埋，满足设备专业要求。

空调室外机搁板宜与预制阳台组合设置。阳台应确定栏杆留洞、预埋线盒、立管留洞、地漏等的准确位置。预制楼梯应确定扶手栏杆的留洞及预理，楼梯踏面的防滑构造应在工厂预制时一次成型，且采取成品保护措施。

3.4.5　构造节点设计要点解析

预制构件连接节点的构造设计是装配式混凝土剪力墙结构建筑的设计关键，预制外墙板的接缝、门窗洞口等防水薄弱部位的构造节点与材料选用应满足建筑的物理性能、力学性能、耐久性能及装饰性能的要求。各类接缝应根据工程实际情况和所在气候区等，合理进行节点设计，满足防水及节能要求。预制外墙板垂直缝宜采用材料防水和构造防水相结合的做法，可采用槽口缝或平口缝。预制外墙板水平缝采用构造防水时宜采用企口缝或高低缝。接缝宽度应考虑热胀冷缩及风荷载、地震作用等外界环境的影响。

外墙板连接节点的密封胶应具有与混凝土的相容性以及规定的抗剪切和伸缩变形能力，还应具有防霉、防水、防火、耐候性等材料性能。对于预制外墙板上的门窗安装，应确保其连接的安全性、可靠性及密闭性。

装配式混凝土剪力墙结构住宅的外围护结构热工计算应符合现行国家建筑节能相关设计标准的相关要求，当采用预制夹心外墙板时，其保温层宜连续，保温层厚度应满足项目所在地区建筑围护结构节能设计要求。保温材料宜采用轻质高效的保温材料，安装时保温材料含水率应符合现行国家相关标准的规定。

3.4.6　专业协同设计要点解析

保温材料铺设

1. 结构专业协同

预制装配式建筑体型、平面布置及构造应符合抗震设计的原则和要求。为满足工业化建造的要求，预制构件设计应遵循受力合理、连接简单、施工方便、少规格、多组合的原则，选择适宜的预制构件尺寸和重量，方便加工、运输，提高工程质量，控制建设成本。

建筑承重墙、柱等竖向构件宜上下连续，门窗洞口宜上下对齐，成列布置，不宜采用转角窗。门窗洞口的平面位置和尺寸应满足结构受力及预制构件设计要求。

2. 给水排水专业协同

预制装配式建筑应考虑公共空间竖向管井的位置、尺寸以及共用的可能性，将其设于易于检修的部位。竖向管线的设置宜相对集中，水平管线的排布应减少交叉。穿过预制构件的管线应预留或预埋套管，穿过预制楼板的管道应预留洞，穿过预制梁的管道应预留或预埋套管。管井及吊顶内的设备管线安装应牢固可靠，应设置方便更换、维修的检修门（孔）等措施。

住宅套内宜优先采用同层排水，同层排水的房间应有可靠的防水构造措施。采用整体卫浴、整体厨房时，应与厂家配合土建预留净尺寸及设备管道接口的位置及要求。太阳能热水系统集热器、储水罐等的安装应与建筑一体化设计，结构主体需做好预留、预埋。

3. 暖通专业协同

供暖系统的主立管及分户控制阀门等部件应设置在公共空间竖向管井内，户内供暖管线宜设置为独立环路。采用低温热水地面辐射供暖系统时，分、集水器宜配合建筑地面垫层的做法设置在便于维修管理的部位。采用散热器供暖系统时，合理布置散热器位置，采暖管线的走向。采用分体式空调机时，满足卧室、起居室预留空调设施的安装位置和预留、预埋条件。当采用集中新风系统时，应确定设备及风道的位置和走向。住宅厨房及卫生间应确定排气道的位置及尺寸。

4. 电气电信专业协同

确定分户配电箱位置，分户墙两侧暗装电气设备不应连通设置。预制构件设计应考虑内装要求，确定插座、灯具位置以及网络接口、电话接口、有线电视接口等位置。确定线路设置位置与垫层、墙体以及分段连接的配置，在预制墙体内、叠合板内暗敷设时，应采用线管对其保护。在预制墙体上设置的电气开关、插座、接线盒、连接管线等均应进行预留、预埋。在预制外墙板、内墙板的门窗过梁及锚固区内不应埋设设备管线。

3.4.7　装配式内装修设计要点解析

预制装配式建筑的装配式内装修设计应遵循建筑、装修、部品一体化的设计原则，部品体系应满足国家相应标准要求，达到安全、经济、节能、环保等各项标准的要求，部品体系应实现集成化的成套供应。

部品和构件宜通过优化参数、公差配合和接口技术等措施，提高部品和构件互换性和通用性。装配式内装设计应综合考虑不同材料、设备、设施的不同使用年限，装修部品应具有可变性和适应性，便于施工安装、使用维护和维修改造。

装配式内装的材料、设备在与预制构件连接时宜采用 SI 住宅体系的支撑体与填充体分离技术进行设计，当条件不具备时，宜采用预留、预埋的安装方式，不应剔凿预制构件及其现浇节点，影响主体结构的安全性。

■ 3.5 实例介绍

某工程项目规划用地面积为 66565.00m²，总建筑面积为 202327.66m²，容积率为 2.19%，建筑密度为 17.22%，绿地率为 34.01%，机动车停车位为 1879 个。该工程项目某层平面设计图如图 3-5 所示。

该项目共规划有 1 栋高层办公楼，20 栋高层住宅楼及相应配套。1#办公楼为地上 12 层，标准层层高为 4.2m；2#住宅楼为地上 14 层，地下 1 层，标准层层高为 2.9m；7#、10#~12#、14#~16#、18#~20#住宅楼为地上 16 层，地下 1 层，标准层层高为 2.9m；3#~5#、8#、13#住宅楼为地上 25 层，地下 1 层，标准层层高为 2.9m；6#、9#、17#住宅楼为地上 26 层，地下 1 层，标准层层高为 2.9m。其中主体结构上 1#办公楼及 9#、13#、18#、20#住宅楼采用钢结构装配，1#、7#、9#~11#、13#、15#~20#楼水平部分采用装配式钢筋桁架楼板；围护墙和内隔墙上 1#、9#、10#、13#、15#~20#楼内隔墙采用 ALC 轻质条板；装修和设备管线上 1#楼和部分商业采用管线分离，2#~20#楼采用全装修、干式工法楼地面。

知识归纳

1. 装配式建筑设计秉持"系统工程理论"的理念。

2. 标准化设计是装配式建筑工作中的核心部分。标准化设计需要满足以下几点原则：简单化、系列化、通用化、组合化、模块化及模数化。

3. 标准化设计是实现社会化大生产的基础，只有实现标准化设计，才能实现专业化和协作化，才能实现多专业的协作。

4. 装配式建筑标准化设计的基本原则就是要坚持"建筑、结构、机电、内装"一体化和"设计、加工、装配"一体化，即从模数统一、模块协同、少规格、多组合、各专业一体化考虑。要实现平面标准化、立面标准化、构件标准化和部品标准化。

5. 应以构件的少规格、多组合和建筑部品的模块化和精细化为标准化设计的落脚点。

6. 装配式建筑设计的设计流程：任务书/合同→建筑技术策划→建筑方案设计→建筑初步设计→建筑施工图设计→部品部件深化与加工设计→竣工验收。

7. 标准化设计的设计方法：标准化、模数化、一体化。

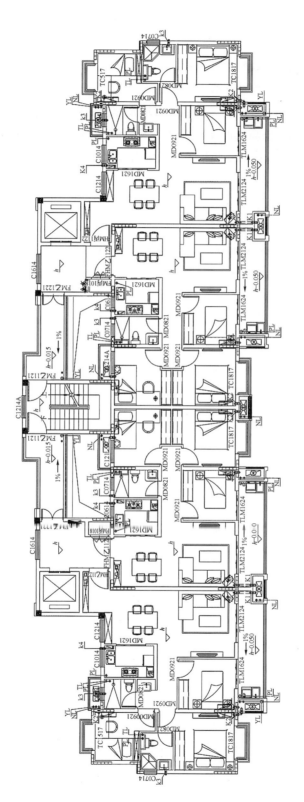

图 3-5 某工程项目某层平面设计图

习 题

1. 简述装配式建筑标准化设计的几个原则。

2. 简述装配式建筑设计流程的步骤。

3. 小组讨论：模拟实际设计中，一般如何实现多专业的协作？

4. 小组讨论：宜采用轻质高效的保温材料，安装时保温材料含水率应符合现行国家相关标准的规定。小组成员都能找到哪些相关规定？有没有相互矛盾的地方？请归纳讨论。

第 4 章　装配式混凝土建筑

【本章目标】

1. 了解装配式混凝土建筑，从装配化程度和结构形式分类两个方面入手，掌握各种结构体系的概念和特点。

2. 了解装配式混凝土建筑的特点。

3. 了解装配式混凝土楼盖，包括楼盖分类、楼盖构件形式、楼盖布置方案。

4. 了解工程案例中实际应用情况。

【重点、难点】

本章的重点内容在于了解各种类型的装配式混凝土建筑。本章对分别从装配化程度和结构形式分类两个方向，分析与论述了装配式建筑的特点，然后简要介绍了三种装配式混凝土楼盖类型——铺板式、密肋式和无梁式，重点介绍了楼盖布置方案。

本章的难点在于理解不同结构体系的概念和区别，理解运用不同楼盖布置方案的优点与缺点。

■ 4.1　装配式混凝土建筑分类

装配式混凝土建筑是指以工厂化生产的预制混凝土构件为主要构件，通过现场装配的方式设计建造的混凝土结构类房屋建筑。1891 年，装配式预制混凝土构件第一次被应用。同年，巴黎一家公司首次在建设时使用了预制混凝土梁。1896 年，法国人建造了最早的装配式混凝土建筑：一间很小的门卫房。

4.1.1　按装配化程度分类

装配式混凝土结构根据装配化的程度的不同，可分为装配整体式混凝土结构、全装配式混凝土结构。

1. 装配整体式混凝土结构

装配整体式混凝土结构如图 4-1 所示,是由预制混凝土构件通过可靠方式连接,并结合现场后浇混凝土、水泥基灌浆料而形成整体的一种装配式混凝土结构。它是目前我国装配式混凝土结构主要采用的结构形式。应用较广泛的装配整体式混凝土结构体系包括框架结构、剪力墙结构和框架-现浇剪力墙结构。

图 4-1　装配整体式混凝土结构

装配式混凝土结构结合了传统的现浇整体式混凝土施工和预制装配式施工的优点,在现代城市建设中得到越来越多的应用。应用这种结构不仅可以节省模板,降低工程成本,还可以提高整个工程构件的抗震能力。装配整体式混凝土结构具有良好的抗震性能,已经有许多大型多层建筑和高层建筑采用装配整体式混凝土结构。

2. 全装配式混凝土结构

全装配式混凝土结构的预制混凝土构件为主要受力构件靠干法连接,如螺栓连接、焊接等形成整体的结构。全装配式混凝土结构具有构件制作简单、安装作业便捷、工期短等多种优点,但实际上由于它抗震性方面比装配整体式混凝土建筑差,适用于对抗震设防要求较低的低层、多层建筑。全装配式混凝土结构如图 4-2 所示,干法连接如图 4-3 所示。

图 4-2　全装配式混凝土结构

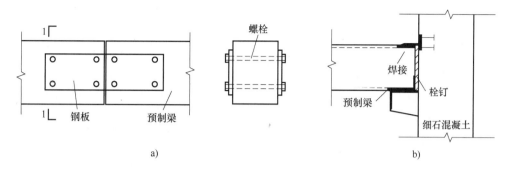

图 4-3　干法连接

a）螺栓连接　b）焊接连接

4.1.2　按结构形式分类

装配式混凝土结构一般按照结构体系特点分类，可划分为装配式框架结构体系、装配式剪力墙结构体系、装配式框架剪力墙结构体系、外墙挂板结构体系、双面叠合剪力墙结构体系等。常见的装配式混凝土结构体系如图 4-4 所示。在我国应用最多的装配式混凝土结构体系是装配式剪力墙结构体系，但在商场等建筑项目中多采用装配式框架剪力墙结构体系。

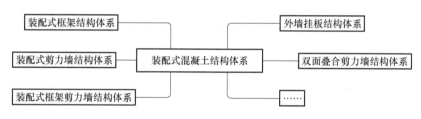

图 4-4　常见的装配式混凝土结构体系

1. 装配式框架结构

装配式框架结构完全或部分是由预制梁、预制板、预制柱组成的。装配式框架结构是把柱、梁、板构件分开生产，当然也可以在一条生产线上更换模具，以单独制造柱、梁和板构件。该结构体系适用于高度 50m 以下的公寓、办公楼、酒店、工业厂房建筑等。装配式框架结构如图 4-5 所示。

装配整体式框架结构是目前常见的结构体系，主要设计和适用于空间要求大的建筑，如各种大型餐饮、学校和医院等。其结构体系的传力路径为：楼板→次梁→主梁→柱→基础→地基。它的结构传力合理，抗震

图 4-5　装配式框架结构

性能好。此种结构的框架建筑的主要承重构件，如梁、柱和楼板，以及非承重构件，如墙体、外装饰等，都可以进行预制。预制构件一般有全预制柱、全预制梁、叠合梁、预制板、

叠合板、全预制女儿墙等。

2. 装配式剪力墙结构

装配式剪力墙结构是指全部或部分剪力墙采用预制混凝土墙板构件的装配式混凝土结构。剪力墙结构体系由剪力墙部分承担起大部分建筑的水平荷载作用，剪力墙与楼盖一起组成空间体系。这种结构体系适用于高层、超高层的商品房、保障房等。装配整体式剪力墙结构建筑如图4-6所示，该结构体系是在住宅建筑系统中最为常见的结构体系，结构的传力路径为：楼板→剪力墙→基础→地基，采用剪力墙结构形式的住宅建筑物一般在室内没有外露的梁柱，室内结构空间规整。

图 4-6 装配整体式剪力墙结构建筑

结构的主要承重构件，如剪力墙、楼板及非承重构件墙体、外装饰等均可预制。预制构件包括预制围护构件（包含全预制剪力墙、单层叠合剪力墙、双层叠合剪力墙）、预制内墙板、预制板、叠合板、预制阳台板、预制飘窗、预制空调板、预制楼梯、预制女儿墙等。其中，预制剪力墙的竖向连接可采用螺栓连接、钢筋灌浆套筒连接、钢筋浆锚搭接连接，预制围护墙板的竖向连接一般为螺纹盲孔灌浆连接。

■ 4.2 装配式混凝土楼盖

4.2.1 楼盖分类

装配式混凝土楼盖（屋盖）主要分为铺板式楼盖、密肋式楼盖和无梁式楼盖。其中，铺板式楼盖是目前工业与民用建筑中最常用的形式。

1. 铺板式楼盖

铺板式楼盖是一种将密铺的预制板的两端支承在砖墙上或楼面梁上所构成的构件。它常用的预制混凝土构件主要是预制板和预制梁。装配式楼盖不仅要保证每个预制构件有足够的强度和刚度，还要保证构件之间的连接牢固可靠，以保证整个结构的稳定性，因此，铺板式楼盖设计需要充分处理好预制板之间、预制板与墙之间、预制板与梁之间以及梁与墙之间的连接构造。

2. 密肋式楼盖

装配式混凝土密肋式楼盖是指适用于密肋间距小于1.5m的楼盖和大跨度而梁高受限的建筑物，通常用于高层建筑。密肋楼盖有单向密肋楼盖和双向密肋楼盖两种，密肋式楼盖的设计应符合《密肋复合板结构技术规程》（JGJ/T 275—2013）中的规定。

（1）单向密肋楼盖　单向受力，肋相当于次梁，但由于梁密，所以其承受的荷载较小，截面尺寸也对较窄。

（2）双向密肋楼盖　受力形式与井格楼盖相似，柱网较小，肋间距较小。由于板的跨度略小，并且双向支承，所以板体厚度可以非常小。同时由于肋排得很密，肋高度也可以很小。为了解决柱边上板的冲切问题，通常在靠近柱的地方做一块加厚的实心板。

3. 无梁式楼盖

无梁式楼盖是一种板柱结构体系，不设梁，楼板直接支承在柱上，楼面荷载通过柱子传递给基础。无梁楼盖靠柱上板带承载重力，传力路径是楼板→柱或墙。在建筑中，无梁楼盖的特点是房间净空较高，通风和采光条件好，支模工艺简单，但有一个问题，就是用钢量较大。无梁楼盖可分为柱帽和无柱帽两种类型。当楼面荷载较大时，必须设置柱帽，以降低楼板中的弯矩值和承受冲切力。

4.2.2　预制构件的类型

1. 预制板

预制板一般为通用定型构件，根据板的施工工艺不同有预应力和非预应力两类，根据板的截面形式又分为实心板、空心板、槽形板和 T 形板等类型。预制板类型及其特点见表 4-1。

表 4-1　预制板类型及其特点

预制板类型	特点
实心板	实心板如图 4-7 所示，上、下表面平整，制作简单，跨度通常较小，通常取 1.2~2.4m，适用于荷载及跨度较小的走廊板、楼梯平台板等
空心板	空心板如图 4-8 所示，空心板比实心板更轻，节省建筑材料，具有更高的结构刚度和更高的承载能力，适用于大跨度的框架结构，可用在一些公共建筑中，如办公楼、学校、医院等工程项目中；它在隔声、隔热效果方面很好，但其板面不能任意开洞；空心板的空洞按其形状可分为圆形、正方形、长方形、椭圆形等
槽形板	槽形板如图 4-9 所示，有肋向下的正槽形板和肋向上的倒槽形板；正槽形板虽然可以较好利用板面混凝土的受压，但不能提供平整的天棚，倒槽形板则与之相反；槽形板的板面开洞较自由；它常用于工业建筑中，但在隔声和隔热方面效果较差
T 形板	T 形板是一种梁板结合的构件，有单 T 形板和双 T 形板两种；T 形板跨度大、功能多，可以用作楼板或墙板构件；T 形板体型简洁、受力明确，具有比槽形板更大的尺度，其板宽一般为 2.4m，少数采用 1.6m 和 2m。跨度有 6m、9m、12m 不等。双 T 形板横截面呈现双 "T" 形，有规律排列的肋部，双 T 形板有普通和预应力两种类型，适用于 6~7.5m 柱距的多层工业厂房楼层承重结构，或楼面活荷重 500~2000kg/m 的建筑物楼板；双 T 形板如图 4-10 所示

图 4-7　实心板

图 4-8　空心板

图 4-9　槽形板

图 4-10　双 T 形板

2. 楼盖梁

楼盖梁包括预制和现浇两种,预制梁通常为单跨梁,主要是简支梁或悬臂梁。其基本截面形状包括矩形、T 形、倒 T 形、L 形、十字形和花篮形等,矩形截面梁由于形状简单且施工操作方便从而被普遍使用。

4.2.3　楼盖布置方案

楼盖是建筑结构的一个重要组成部分。在建筑结构中,混凝土楼盖的造价占到整个土建总造价的近 30%,而其自重几乎可以占到总重量的一半,因此,为选择更合适的楼盖设计方案,合理、经济地进行整个建筑结构的设计计算是非常重要的。楼盖是建筑结构中的水平结构体系,它与竖向构件、抗侧力构件一起构成结构的整体空间结构体系。楼盖将楼面竖向荷载传递到竖直构件上,将水平荷载(如风荷载、地震荷载)传递到抗侧力构件上。

装配式混凝土楼盖根据墙体支承情况的不同,可分为四种布置方案:横墙承重、纵墙承重、纵横墙承重和内框架承重。横墙承重是指梁或板搁置在横墙上。纵墙承重是把梁或板搁置在纵墙上。纵横墙承重是把梁或板同时搁置在纵墙和横墙上。内框架承重是外墙为砖砌体承重,兼作围护结构,内部则采用从底层到顶层均为钢筋混凝土梁、柱的内框架结构,主要用于多层工业厂房、仓库和商店。楼盖布置方式见表 4-2,横墙承重方案如图 4-11 所示,纵墙承重方案如图 4-12 所示,纵横墙承重方案如图 4-13 所示,内框架承重方案如图 4-14 所示。

表 4-2　楼盖布置方式

布置方式	优点	缺点
横墙承重方案	横墙较密,承担竖向荷载,使建筑的横向刚度更大,整体性更好,纵墙开窗自由(非承重)	使用更多的墙体材料,横墙间距受板跨的限制,房间平面布置不够灵活
纵墙承重方案	横墙间距不受板跨的限制,开间大小及平面布置比较灵活;楼板规格类型较少,容易施工;墙体材料用量少(如横墙不承重,横墙少)	纵墙上限制门窗洞口开设;横墙较少,且不承担竖向荷载,故建筑的横向刚度较差;一般适用于单层厂房、仓库、酒店、食堂等建筑

（续）

布置方式	优点	缺点
纵横墙承重方案	不仅保证有灵活布置的房间，而且具备较大的空间刚度和整体性；适合于教学楼、办公楼、医院等建筑	所用梁、板类型较多，施工较为麻烦
内框架承重方案	房屋内部空间大，平面布置自由	房屋的空间刚度较差，建筑物抵抗地基不均匀沉降的能力和抗震能力一般较弱

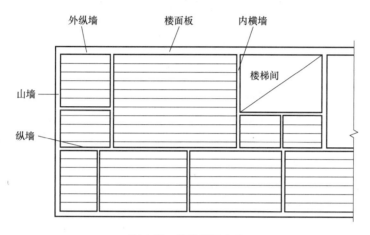

图 4-11　横墙承重方案

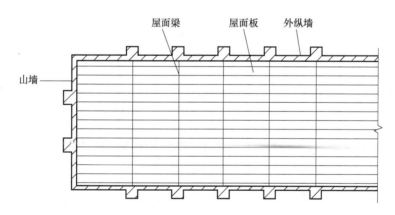

图 4-12　纵墙承重方案

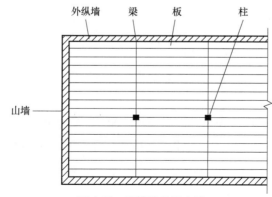

图 4-13　纵横墙承重方案

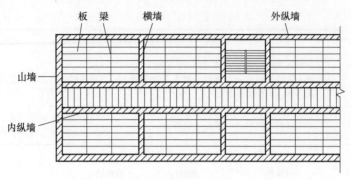

图 4-14 内框架承重方案

■ 4.3 实例介绍

某工程项目总建筑面积为 52457.08m² （其中，地下建筑面积为 14994.27m²），总用地面积为 19645.38m²，装配率为 30%，其鸟瞰图如图 4-15 所示。

该工程项目主要包括 19 层枢纽楼、修理车间、加气站、候车棚、地下室（含人防）及其附属工程。有公交车泊位 42 个，机动车停车位 281 个（其中，充电车位占 10%，共计 30 个）和非机动车位 535 个。

图 4-15 某工程项目鸟瞰图

该项目具有三大特色：

1）构件在工厂制作，质量控制比现场浇筑更容易。因为外墙、梁等都是提前在工厂中生产制造完成的，大幅提高了施工效率。

2）设计标准化、生产工厂化、施工装配化、装修一体化、管理信息化、应用智能化是该项目的关键特征。

3）在该工程项目的建设过程中，以"五个 100%"管理程序——"100% 合法、100% 投资可控、100% 安全防控、100% 质量创优、100% 工期受控"为目标，强调"优质、快速、环保、安全、文明"的理念，推广新技术、新工艺，以安全、质量、文明施工、环保控制作为关键标准。

知识归纳

1. 装配式混凝土建筑是指以工厂化生产的预制混凝土构件为主要构件，通过现场装配的方式设计建造的混凝土结构类房屋建筑。

2. 根据装配化程度可将装配式混凝土结构分为装配整体式混凝土结构和全装配式混凝土结构。

3. 装配式混凝土结构按照结构形式可划分为装配式框架结构体系、装配式剪力墙结构体系、装配式框架剪力墙结构体系、外墙挂板结构体系、双面叠合剪力墙结构体系等。

4. 装配式混凝土楼盖主要分为铺板式、密肋式和无梁式三种类型。

5. 预制板一般为通用定型构件，根据板的施工工艺不同有预应力和非预应力两类，根据板的截面形式不同又分为实心板、空心板、槽形板和 T 形板等类型。

6. 装配式混凝土楼盖按墙体的支承情况不同，其布置方案可分为四种：横墙承重、纵墙承重、纵横墙承重和内框架承重。

 习　题

1. 简述装配式混凝土建筑按结构体系划分的几种不同结构体系。

2. 装配式混凝土建筑的优、缺点分别有哪些？

3. 装配式混凝土楼盖有哪几种？

4. 预制板类型有哪些？

5. 装配式混凝土楼盖布置方案分为哪几种？它们分别的优点和缺点？

6. 预制构件工厂制作有哪些工艺？

7. 结合预制混凝土剪力墙体系工程应用实例，对装配剪力墙设计要点进行阐述，采用 PPT 设计形式汇报。

第5章　装配式钢结构建筑

■ 5.1　装配式钢结构建筑概述

5.1.1　装配式钢结构的概念

钢结构建筑是从铁结构建筑发展而来的，是指在工厂里铸造或锻造构件，到现场进行铆接。在焊接技术出现之前，钢结构一直采用铆接或者螺栓连接。焊接技术推广后，在工地现场进行切割钢材，焊接装配只有在没有钢结构的工厂的情形下出现。这些做法的装配程度不高，但本质仍为装配式钢结构。

装配式钢结构建筑是指建筑的结构系统由钢构件、部品通过可靠的连接方式装配而成的建筑。与普通钢结构建筑相比，装配式钢结构不仅突出预制部品的集成，还要重视各个系统的集成化。装配式钢结构主要应用于工业建筑和民用建筑。

5.1.2　装配式钢结构的分类

装配式钢结构体系主要根据建筑功能、建筑高度以及抗震设防烈度等分为以下结构体系类型：钢框架结构、钢框架-支撑结构、钢框架-延性墙板结构、简体结构、巨型结构、交错桁架结构、门式刚架结构、低层冷弯薄壁型钢结构等。其中，钢框架结构、钢框架-支撑结构、钢框架-延性墙板结构适用于多高层钢结构住宅及公建；简体结构、巨型结构适用于高层或超高层建筑；交错桁架结构适合带有中间走廊的宿舍、酒店或公寓；门式刚架结构适用于单层超市及生产或存储非强腐蚀介质的厂房或库房；低层冷弯薄壁型钢结构适用以冷弯薄壁型钢为主要承重构件，层数不大于 3 层的低层房屋。

5.1.3　常见装配式钢结构体系

目前主要的装配式钢结构体系有以下八种：低层冷弯薄壁型钢结构、低层轻钢框架结构、钢框架结构、钢框架-混凝土剪力墙结构、钢框架-核心筒结构、钢框架-支撑结构、钢板组合剪力墙结构、钢混组合剪力墙结构。

1. 低层冷弯薄壁型钢结构

低层冷弯薄壁型钢结构是采用以镀锌冷弯薄壁轻钢作为龙骨、复合材板组成的内分隔墙体和外维护结构为主的承重体系，一般为 1~3 层、檐口高度不大于 12m 的低层房屋结构。

目前，该结构已经形成一套完整的技术体系，包括设计阶段的配套软件、生产阶段专门的机械设备以及相应的材料供应渠道，构件能够实现高度预制化以及预拼装，减少现场施工的程序，大大提高了结构的预制化程度。从建材使用来看，主要建材均为可回收材料，绿色环保，符合生态环境的要求。墙体采用玻纤棉、石膏板等材料，不仅起到保温隔热的作用，还改善了建筑的隔声降噪性能。由于钢材本身自重轻的特性，该结构不需要大型机械操作，运输便捷，组装便捷，同时降低了建筑总体造价水平。但是技术更新速度与施工规范标准之间存在矛盾，技术水平不断提高，而施工及验收标准亟待完善，使得该结构建筑质量堪忧。该结构如图 5-1 所示，适用于低层住宅、别墅、普通公用建筑等。

图 5-1　低层冷弯薄壁型钢结构

2. 低层轻钢框架结构

轻钢框架结构是指利用 H 型钢、异形截面型钢、冷弯型方管建筑构件构成主体框架，彩钢夹芯板、加气块作为墙体维护系统的框架体系。该体系采用轻钢梁柱框架结构，纵横向都设置钢框架，门窗设置灵活，可提供较大的开间，便于用户二次设计，满足各种生活需求。外墙板运用挤塑成型水泥墙板，不但耐久、耐火，而且工艺独特。钢柱截面为高频 H 型钢或冷弯方钢管，钢梁截面主要为高频 H 型钢。考虑到楼盖的组合作用，钢框架运用在低多层住宅中，一般都能满足抗侧力的要求。该结构体系一般适用于 6 层以下的多层建筑。H 型钢如图 5-2 所示。

轻钢框架结构体系建筑如图 5-3 所示，建筑面积达到 570m^2，采用钢框架结构，建筑层数为两层，装配率达到 66%。

图 5-2　H 型钢

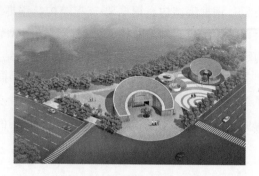

图 5-3　轻钢框架结构体系建筑

3. 钢框架结构

钢框架结构是通过钢梁、钢柱或钢管混凝土柱进行刚性连接，形成兼具抗剪和抗弯能力的结构。钢管混凝土柱是将混凝土填充到钢管柱里，钢管和混凝土共同作用承受荷载。钢框架结构主要受力构件是框架梁和框架柱，梁柱共同抵抗竖向荷载和水平荷载作用。该结构不设置承重墙，建筑平面、立面设计灵活，开间大。结构受力明确，节点连接简单，各部分刚度均匀分布，抗震性能优越，同时具有制作安装简单、施工速度快等特点。该结构一般适用于住宅、医院、商业、办公、酒店等民用建筑。由于侧向刚度较小，通常建筑高度在 30 层以内较为经济。

某钢框架结构建筑如图 5-4 所示，其建筑面积为 $450m^2$，建筑层数为两层，装配率达到 66%。

图 5-4　钢框架结构建筑

4. 钢框架-混凝土剪力墙结构

钢框架-混凝土剪力墙结构是以钢框架为主体，并配置一定数量的钢筋混凝土或型钢混凝土剪力墙。该体系又可细分为框架-混凝土剪力墙体系、框架-带竖缝混凝土剪力墙体系、框架-钢板剪力墙体系和框架-带缝钢板剪力墙体系等。剪力墙体系由于抗侧移刚度强、常被作为抗侧力体系结构，以减少钢柱的截面尺寸，降低用钢量。该体系将钢材的高强度、轻质、施工速度快和混凝土的高抗压性、抗侧移刚度大的特点有机地结合起来，钢框架承担竖向荷载和少部分的水平荷载，为结构提供了较大的使用空间。该结构通常适用于高层办公楼和住宅。

某钢框架-剪力墙结构工程项目如图 5-5 所示，其总建筑面积为 202327.66m²，其中钢结构装配式面积为 74357m²。该项目采用钢框架-钢管混凝土束剪力墙结构，钢结构单体装配率达到 72%。

5. 钢框架-核心筒结构

钢框架-核心筒结构是在钢框架结构的基础上增设剪力墙，在卫生间、电梯等公共设施的四周浇筑混凝土剪力墙，形成核心筒，从而整体构成钢框架-核心筒结构。其中，核心筒抗侧移刚度强，主要承担水平荷载，核心筒内部通常布置一些公用设施，增大其平面尺寸，从而减小核筒高宽比，达到提高侧向刚度的效果。钢框架则主要承担竖向荷载，钢框架与核心筒之间的跨度一般为 8~12m，并采用两端铰接的钢梁，一端与钢框架柱刚接相连，另一端与核心筒铰接相连。该结构体系与传统混凝土结构相比，施工速度快，经济成本低。但是，为了抵抗地震灾害，避免混凝土核心筒开裂，钢框架需要按双重抗侧力体系设计，因此增加了钢材的费用。同时，混凝土核心筒施工过程造成的误差大于钢结构施工，不利于结构整体的标准化发展。

"台北 101" 大楼如图 5-6 所示，为钢框架-核心筒结构，大楼四周每边布置两根钢筋柱，共 8 根。柱子内部灌注高密度混凝土，外侧用钢板围住，以达到防震的效果。大楼还设置调谐质量阻尼器，减少强风、地震给建筑带来的振幅。

图 5-5　钢框架-剪力墙结构工程项目

图 5-6　"台北 101" 大楼

6. 钢框架-支撑结构

钢框架-支撑结构建筑如图 5-7 所示，它在钢框架结构中设置支撑构件，共同抵抗竖向和水平方向作用力，进而提高结构的整体抗侧移刚度。框架结构存在侧向刚度差的缺点，因此随着建筑高度的增加，由于结构侧向力作用产生位移，建筑的高度受限。而该结构中钢框架承受竖向荷载，钢支撑承担水平荷载，形成双重抗侧力的结构体系，有效地避免了框架结构的缺陷。该结构主要适用于高层及超高层办公、

图 5-7　钢框架-支撑结构建筑

酒店、商务楼、综合楼等建筑。

其中，钢支撑包括中心支撑、偏心支撑、屈曲约束支撑等。中心支撑和偏心支撑的区别在于支撑杆件的轴线与梁柱节点的轴线是否交于一点。若交于一点，则为钢框架-中心支撑结构；反之，则为钢框架-偏心支撑结构。屈曲约束支撑是在普通支撑的基础上增加约束套筒，从而提高结构受压时的抗屈曲能力。钢框架-中心支撑体系在水平地震作用下，容易产生侧向屈曲，因此建筑高度比其他支撑结构低 20~30m。与剪力墙结构相比，偏心支撑结构框架达到同样的刚度，建筑重量更小，对于高层住宅结构更经济合理些。

7. 钢板组合剪力墙结构

钢板组合剪力墙主要由周边框架和内嵌钢板两部分组成，中间通过鱼尾板将两部分连接，是一种新型抗侧力结构，包括加劲肋钢板墙和非加劲钢板墙。该结构充分利用钢材延性好、耗能强的特点，具有抗震延性和侧向抵抗强度。该结构与纯抗弯钢框架相比，可减少一半以上的钢材消耗；相比混凝土剪力墙结构，其结构延性好，提高了抗震能力。采用钢板作为墙体，墙体厚度减小，结构自重轻，使用面积扩大，室内布置灵活多变。钢板加工生产便宜、简单，实际施工时不需支模便捷高效，未来发展推广的市场广阔。该结构一般适用于超高层办公及住宅体系。

8. 钢混组合剪力墙结构

钢混组合结构技术体系是受力构件由 H 型钢作为骨架，翼缘间焊接 C 型钢筋或扁钢，并根据受力需要配置纵向钢筋，最终浇筑混凝土而形成的结构体系。钢混组合剪力墙结构分为型钢混凝土剪力墙和钢板混凝土组合剪力墙，型钢混凝土剪力墙也称为 SRC 剪力墙、钢骨混凝剪力墙。该体系将钢与混凝土的优点完美结合，型钢的混凝土外包约束提高了构件的竖向承载力，使墙板具有耐火、保温、隔声等功能。混凝土给予型钢、纵向钢筋侧向支撑，增加整个截面的抗弯和抗扭刚度，提高纯钢构件的整体稳定性。该结构具有良好的抗震性能，通常用于超高层建筑。

5.1.4 装配式钢结构关键技术

装配式钢结构发展中如何处理围护体系与主体结构之间的关系，使其匹配，是一大难点。装配式钢结构建筑是一个建筑系统的集成，包括钢结构及与其配套的高性能墙体和连接技术、内装系统。

1. 外墙

建筑的外围护结构通常要兼具保温、隔热、隔声、防火等性能，常采用复合墙体来满足安全性、耐久性、功能性的需求。复合墙体通常采用轻质材料进行干式连接，主要包括保温隔热层、防水层、隔气层、隔声层和空气屏障。按照外围护系统构造，外墙板主要分为预制混凝土外挂墙板、轻质条板、钢木骨架组合外墙板、建筑幕墙四类。

2. 内隔墙

装配式钢结构建筑的内墙板是非承重构件，主要是分隔室内空间。墙体材料宜采用质量小、强度高的材料，减少墙体抹灰作业。常见的内墙有蒸压加气混凝土条板、蒸压加砌块、轻质混凝土条板、石膏条板等。

目前，轻钢龙骨石膏板隔墙（图 5-8）是使用最多的一种隔墙，以轻钢龙骨作为金属框架，石膏板作为饰面材料。该墙体干作业多，施工进度快；墙体质量小、强度高，符合建筑结构的要求，同时满足经济合理和节能环保的需要，属于政策支持大力发展的墙体类型之一。

图 5-8　轻钢龙骨石膏板隔墙

3. 特点

1）围护结构应保持与主体结构相适应的使用年限。明确围护结构系统的设计使用年限，确定外围护系统性能要求、构造、连接方式，协调主体结构与围护系统。

2）钢结构建筑的围护结构只起承重作用，结构空间布置灵活，室内空间利用便捷。

3）墙体材料多具有质量小、强度高的特点，既满足了结构稳定安全的要求，又降低了建筑的自重，减少建筑的基础造价。

4）工厂化生产，现场装配式施工。墙体材料数量大、用途多，工业化的生产、施工方式能够最大限度地发挥装配式钢结构住宅的优势。

5）连接节点处理较为关键。相比传统砌筑墙体，装配式钢结构建筑围护结构的连接是一个重点难题。近年来，虽然新技术不断涌现，但仍不完善，在连接节点和构件匹配方面尚存在诸多问题。

■ 5.2　装配式钢结构建筑的特点

随着我国经济发展，传统的城镇化建设模式已不可取，循环型的建筑工业化体系亟待建立，装配式钢结构建筑具有"轻、快、好、省"四大特性，能够满足工程、生态、功能方面的需求，是名副其实的绿色建筑，也是我国传统建筑业转型升级的重要抓手。

5.2.1　装配式钢结构建筑的优点

1. 设计生产标准化

钢结构建筑的主要结构构件多数在工厂设计生产，施工现场进行装配式安装，可以促进装配式钢结构标准体系的建立，提高建造效率，推动装配式钢结构集成化、产业化、工业化发展。此外，施工不受季节影响，施工周期短，一般三、四天就可以建造一层。

2. 资源能源节约多

用钢材作框架，保温墙板作围护结构，可替代各类砖石建筑材料，大量减少水泥、砂、石、石灰等的用量，总体自重比钢筋混凝土结构轻 30%～50%，能大幅减少建筑垃圾和环境污染，减轻对不可再生资源的破坏和消耗。

3. 安全质量性能强

装配式钢结构采用延性材料,提高了建筑的抗震性能,加强了建筑的安全性能,增强了城市应灾能力。同时,施工时现场没有现浇节点,构件组装速度快,保障了施工质量。此外,标准化、批量化的构件生产模式,严格控制构件质量,提升了建筑的可靠性。

4. 绿色节能环保

纵观装配式钢结构的全生命周期,在建材开采阶段,钢材是可回收材料,可以循环利用,且回收率高。在施工阶段,装配式钢结构现场湿作业较少,施工中不需要模板和脚手架,减少了资源的消耗,降低了噪声、粉尘污水等排放。在拆除阶段,装配式钢结构建筑使用的资源再生能力强,产生的建筑垃圾少。与传统建筑相比,装配式钢结构能够减少大约35%的碳排放,是符合当前国家发展要求的绿色建筑。

5. 产业综合效益高

装配式钢结构建筑建造高效、节能、省材、省力、资金收益高,能够将建筑产业化、信息化和智能化三者进行良好的结合,推动建筑业以及与之相关的产业提高资金使用效率、提升产业发展效益,进而推动经济社会实现健康可持续发展。

5.2.2 装配式钢结构建筑的缺点

1. 耐火性能差

钢材本身耐火性能差决定了其在建筑中需要进行防火保护,这构成是钢结构建筑一项重要的成本。当钢材的温度达到150℃以上时,必须设置隔热层进行防护。对于一些用于防火部位的钢构件而言,需按照建筑设计防火等级的要求采取防火措施。

2. 耐蚀性差

钢材在潮湿的环境中,特别是处于有腐蚀介质的环境中容易锈蚀,必须采用防腐涂料等防腐措施。通常,涂料的使用年限在十年左右,而建筑的使用年限远大于涂料的寿命。因此,除了对处理钢结构建筑的防腐问题,还需要根据实际使用情况,对建筑进行定期的维护检查。

3. 多层和高层建筑建造成本高

从成本角度来看,与钢筋混凝土建筑相比,钢结构建筑单层厂房和低层装配式建筑更具优势。但是由于钢材的价格比混凝土高,建造多层和高层建筑时,产生的费用无法完全通过人工费、机械费进行抵减,使得钢结构建造成本比混凝土结构更高。此外,用于钢结构建筑的维护材料价格不菲,因此提高了装配式钢结构建筑的整体成本。

4. 居住的舒适度有待提高

装配式钢结构住宅的舒适度主要与其围护结构和建筑高度两方面有关。围护材料的选择、围护技术的利用决定了装配式钢结构是否会出现墙体裂缝、渗透、噪声等问题。高层钢结构建筑会受到风荷载的影响,有研究表明,日本居民在早期建造的高层钢结构建筑中大风时会出现晕船的不适感。

5. 其他问题

1)装配式外墙体系不同于装配式混凝土结构,比较复杂。

2)采用钢构件进行组装时,因其截面尺寸偏大,会出现凸出墙体的情况。

3）生产大尺寸、异形的预制构件存在运输不便的问题。

5.2.3 装配式钢结构建筑发展存在的问题

尽管装配式钢结构建筑在各地的发展如火如荼，但相比欧美发达国家，行业的总体水平不高，规模有限，产业的整体带动能力不强。

1. 技术标准不健全

建立完善统一的技术标准是产业发展的前提。目前，我国已颁布较多与钢结构建筑相关的技术标准，无疑推动了钢结构建筑的应用，但由于我国装配式钢结构建筑的发展正处于起步阶段，该行业的技术标准仍在探索完善，缺乏稳定、全面、系统、统一的行业标准，存在与国际标准脱轨的问题。同时，各地各企业不断涌现出新技术、新产品、新标准，尚未形成统一的技术标准，具体项目建设时标准落实不到位，未能严格执行，因此无法发挥整个产业集群效益。

2. 产业链条不完善

传统的施工管理模式中，钢结构生产企业、材料供应商、设计部门、承包商相互独立，上、下游单位部门之间缺少协调沟通，项目信息不能及时共享，产业的专业化分工程度低，造成资源浪费、工期延长、成本增加。同时，装配式钢结构建筑产业仍不成熟，与其相配套的企业相对较少，企业的发展水平限制了配套产品的质量，甚至需要依靠进口材料进行生产，这无疑使得产业发展受到限制。

3. 行业集成度不高

装配式钢结构建筑更加强调部品部件和各系统之间的集成，从而实现整体建筑功能并满足用户需求。总体来看，行业的系统性集成度不高，尚未形成典型样板企业，各企业在行业、技术、资源等方面整合能力弱。企业研发创新能力存在进步空间，专门设计人才培训不足，核心技术研发能力弱，与研发机构合作不够紧密，缺乏专业的建造、维护企业，这些都不利于产业的集聚集群发展。

4. 行业员工素质低

建筑业本身属于典型的劳动密集型行业，市场进入的技术壁垒较低。近年来，我国的装配式钢结构建筑发展迅速，但是当前我国建筑行业工人主要由进城务工的农民工构成，缺乏系统的专业知识培训，实际工程施工技术水平有待提高，使得工程质量得不到保障，这也限制了钢结构建筑产业的发展。

5. 围护系统发展不足

对于高层装配式钢结构而言，缺乏与之配套的围护体系，制约了装配式钢结构建筑的发展。

■ 5.3 装配式钢结构建筑的发展方向

1. 装配式钢结构体系与 PC 构件结合

预制混凝土构件与钢结构互为补充，既发挥了预制混凝土构件生产效率高、产品质量好等优点，又弥补了钢结构耐火、耐蚀性能差，造价高等不足。目前，这一模式在各国广泛应用，将现代 PC 构件与预应力技术相结合，采用高强高性能材料，实现模块化、工业化生产。

2. 围护墙体、构造做法的交叉应用

传统的建筑墙体施工往往采用单一材料，因每种墙体各有优劣，往往无法满足各种设计的要求。随着围护墙体的发展，围护墙体和构造也广泛应用于装配式钢结构中，例如现场复合轻钢龙骨墙体体系、金属复合板外墙体系等，这些交叉式的做法优化了围护结构的性能，提高了建筑的耐久性，同时满足了建筑功能的需求，工业化程度高。

3. 拓宽装配式钢结构与 BIM 技术的深度

随着信息技术的进步，应用 BIM 技术对建筑全生命周期进行管理，开创建筑业的新局面。在设计阶段，由原先的二维平面图转换到三维空间模型，所有的建筑构造可视化发展，不仅可以对构件进行碰撞检查，使结构设计精细化，还能进行虚拟建造，优化设计方案，提高设计的准确性。在构件生产阶段，将 BIM 技术中的模型信息导入智能设备中，如智能机器人、数控机床，可以实现数字化制造。在施工阶段，对施工流程进行模拟，对比模拟结果与实际构件组装情况，针对误差进行调整，提升建筑整体的质量。

4. 完善装配式钢结构产业链

住建部明确提出装配式结构建筑发展的量化指标，明确要到 2025 年新建装配式建筑比例达到 50% 以上。装配式钢结构是契合国家"双碳"目标下的必然选择，完善装配式钢结构的产业链，将设计、施工、生产各环节串联起来，优化配套产品质量，建立优秀钢结构产业基地，推进各部门协同发展，能解决当前装配式钢结构建筑面临的瓶颈。

5. 加快装配式钢结构专业人才培训

从国家层面，加强对装配式钢结构的政策支撑，加大研发投入资金，衔接企业、研发机构、高校三方，开展新合作，培养新人才，落实新技术。从国际层面，加强国际技术交流与合作。坚持引进来发展策略，学习别国的先进技术；坚持走出去的发展理念，拓宽专业人才的国际视野。

■ 5.4 实例介绍

以某综合楼项目工程为例，该工程于 2020 年 3 月开始动工，耗时 5 个月。该工程建筑面积为 2800m², 建筑层数共两层，建筑高度为 7.5m, 采用装配式钢结构建造，装配率为 67%, 达到国家标准 A 级装配式建筑要求。综合楼主要用于职工宿舍、食堂、活动中心及培训中心，能满足约 300 人的住宿要求。

该项目主体结构采用钢框架结构体系，楼板采用焊接式钢筋桁架楼板，墙板采用蒸压轻质混凝土（ALC）条形板，阳台、楼梯、空调板采用预制构件，室内依托 BIM 技术进行管线设计，对不同管道布置进行碰撞检查，实现了管线分离。综合楼工程项目效果图如图 5-9 所示，该工程项目装配式设计评分见表 5-1。

图 5-9 某综合楼工程项目效果图

表 5-1 钢结构综合楼工程项目装配式设计评分

评价项		评价要求	评价分值	各项技术方案	自评分
主体结构 (50分)	柱、支撑、承重墙、延性墙板等竖向构件	35%≤比例≤80%	20~30*	方形柱	30
	梁、板、楼梯、阳台、空调板等构件	70%≤比例≤80%	10~20*	钢梁、焊接式钢筋桁架楼板、钢楼梯，比例100%	20
围护墙和内隔墙 (20分)	非承重围护墙非砌筑	比例≥80%	5	—	—
	围护墙与保温、隔热、装饰一体化	50%≤比例≤80%	2~5*	—	—
	内隔墙非砌筑	比例≥50%	5	采用预制条板墙，比例大于50%	5
	内隔墙与管线、装修一体化	50%≤比例≤80%	2~5*	—	—
装修和设备管线 (30分)	全装修	—	6	采用全装修	6
	干式工法楼面、地面	比例≥70%	6	—	—
	集成厨房	70%≤比例≤90%	3~6*	—	—
	集成卫生间	70%≤比例≤90%	3~6*	—	—
	管线分离	50%≤比例≤70%	4~6*	采用管线分离，比例大于70%	6
总计					67

注：带"＊"项的分值采用"内插法"计算，计算结果取小数点后1位。

 知识归纳

1. 装配式钢结构建筑是指建筑的结构系统由钢构件、部品通过可靠的连接方式装配而成的建筑。

2. 装配式钢结构体系主要根据建筑功能、建筑高度以及抗震设防烈度等分为以下结构体系类型：钢框架结构、钢框架-支撑结构、钢框架-延性墙板结构、筒体结构、巨型结构、交错桁架结构、门式刚架结构、低层冷弯薄壁型钢结构等。

3. 钢框架结构、钢框架-支撑结构、钢框架-延性墙板结构适用于多高层钢结构住宅及公建；筒体结构、巨型结构适用于高层或超高层建筑；交错桁架结构适合带有中间走廊的宿舍、酒店或公寓；门式刚架结构适用于单层超市及生产或存储非强腐蚀介质的厂房或库房；低层冷弯薄壁型钢结构适用于以冷弯薄壁型钢为主要承重构件，层数不大于 3 层的低层房屋。

4. 装配式钢结构具有设计生产标准化、资源能源节约多、安全质量性能强、绿色节能环保、产业综合效益高的优点。存在技术标准不健全、产业链条不完善、行业集成度不高、行业员工素质低、围护系统发展不足等问题。

5. 目前，装配式钢结构主要有五个发展方向：装配式钢结构体系与 PC 构件结合；围护墙体、构造做法的交叉应用；拓宽装配式钢结构与 BIM 技术的深度；完善装配式钢结构产业链；加快装配式钢结构专业人才培训。

 习 题

1. 简述装配式钢结构建筑的概念。
2. 简述装配式钢结构的分类。
3. 简述不同类别装配式钢结构建筑的适用范围。
4. 简述装配式钢结构建筑的优缺点。
5. 简述装配式钢结构建筑的发展方向。
6. 通过学习本章的内容，以表 5-1 的形式选取一个装配式钢结构建筑进行评价。
7. 请查阅并学习装配式钢结构相关的技术标准。

第6章　装配式木结构建筑

【本章目标】

1. 了解装配式木结构建筑的概念和特点。

2. 重点掌握装配式木结构建筑的分类以及各种木结构体系的特点和适用范围。

3. 了解装配式木结构的特点。

4. 能够对实际木结构建筑进行分析。

【重点、难点】

本章要求重点掌握现代木结构建筑体系的分类以及各种木结构建筑体系的特点和适用范围。本章的难点在于运用所学知识，结合实际对装配式木结构建筑进行分析。

■ 6.1　装配式木结构建筑概述

我国木结构建筑历史悠久，受到地域、文化等条件的影响，形成了风格各异的建筑形态，积累了较为丰富的建造技术。原始社会人们搭建木架式半穴房屋作为居所。步入古代社会，我国已经能够建造宫殿、园林等大型建筑了，丰富了木结构施工技术。随着科学技术的发展，木材的加工方式日臻完善，木材的防火、防腐等性能均有较大改善，木材的力学性能充分发挥，应用范围扩大。同时，新型木材不短涌现，不再局限于天然木材。

现代木结构建筑的主要特点是运用最新的科学技术手段，将普通的木料进行压合、粘接、链接等技术处理，所制造出来的木材的刚度和硬度远超于传统木结构体系。现代木结构符合装配式建筑可预制的特点，区别于传统木结构建筑，满足可持续发展理念，能够改善人居环境，有利于生态保护，具有良好的市场前景和发展潜力。

6.1.1 装配式木结构建筑的概念

装配式木结构建筑是指主要的木承重构件、木组件和部品在工厂预制生产，并通过现场安装而成的木结构建筑。与传统木结构相比，装配式木结构强调全过程的集成，即前期标准化的设计方式、中期工厂化的生产、装配化的施工以及后期的信息化管理和智能化应用。

6.1.2 装配式木结构建筑的分类

按承重构件选用的材料不同，装配式木结构建筑可分为轻型木结构、胶合木结构、原木结构以及木混合结构。

1. 轻型木结构

轻型木结构主要承重构件包括规格材、木基结构板材 [如结构胶合板（图6-1）] 或石膏板，通常适用于单层或多层建筑结构，制作的基本单元包括木构架墙体、楼板和屋盖系统。构件之间主要以钉连接为主，也可采用螺栓、齿板连接及通用或专用金属件连接（图6-2）。该结构具有施工简便、能耗低、材料成本低、抗震性能好、使用寿命长的优点，可应用于居住、小型旅游和商业建筑等。为了提高建筑的耐久、保温隔热性能，该结构外部包覆呼吸纸，以减少室内外的热量传递，降低建筑能耗量，形成全屋气密系统。《多高层木结构建筑技术标准》（GB/T 51226—2017）中对该结构的建筑高度做出了明确规范，要求其最高建筑层数为6层，檐口高度不超过20m。

图6-1　结构胶合板

图6-2　金属件连接

2. 胶合木结构

胶合木结构主要指采用层板胶合木（Glued Laminated Timber）和正交胶合木（Cross Laminated Timber）制作的两种木结构形式。层板胶合木结构是采用20~45mm厚的锯材胶合而成的，主要应用于单层、多层的木结构建筑，以及大跨度的空间木结构建筑。正交胶合木结构是采用厚度为15~45mm的木质层板相互叠层正交组坯后胶合而成的，主要应用于墙体、楼面板和屋面板等承重构件的单层或多层木结构建筑。

胶合木构件尺寸灵活、建筑造型多样，能够发挥天然木材的外观魅力；同时加工生产方便，且可循环利用，是一种绿色环保材料。胶合木结构建筑保温性能好，能调温、调湿，耐蚀性能提高，构件经过防火处理，可保证防火性能，减小火灾的损害。胶合木构件采用工业化的生产方式，生产效率高，产品的质量得到保障。相比轻型木结构，该结构可以用作大空间建筑，因而应用较广。

随着木结构技术的发展，新型的木质结构复合材也不断涌现，并应用于木结构建筑中。胶合木结构中已采用了各种结构复合材，如旋切板胶合木、层叠木片胶合木和平行木片胶合木等。层叠木片胶合木如图 6-3 所示。

根据主要承重构件的差异，常见的胶合木结构的类型可分为胶合木梁柱式结构、胶合木拱形结构、胶合木门架结构和胶合木空间结构等。

（1）胶合木梁柱式结构　该结构如图 6-4 所示，它是采用胶合木制作梁和柱并通过金属连接件连接组成的共同受力的梁柱结构体系。由于梁柱式木结构抗侧移刚度小，因此柱间通常需要加设支撑或剪力墙，以抵抗侧向荷载作用。

图 6-3　层叠木片胶合木

图 6-4　胶合木梁柱式结构

（2）胶合木拱形结构　该结构如图 6-5 所示，主要分为两铰拱结构和三铰拱结构。该结构的拱形为抛物线或圆弧，为合理拱轴。木拱承担轴向压力，拉杆或承台承担水平力，两端形成推力，从而维持结构平衡。胶合木加工便捷，能够制成满足不同需求的几何形状，从而形成大跨度木拱所需要的大截面，是木拱结构的理想材料。胶合木拱形结构受力合理，构造简单，适用于大跨度木结构建筑。胶合木拱形结构形式见表 6-1。

图 6-5　胶合木拱形结构

表 6-1　胶合木拱形结构形式

序号	图例	结构形式名称	跨度 l/m	拱截面高度 h
1		两铰拱	$20\sim100$	$h\approx l/50$
2		三铰拱	$25\sim200$	$h\approx l/50$

（3）胶合木门架结构　该结构如图 6-6 所示，主要分为弧形加腋门架和指接门架。通常适用于 50m 以下的跨度，顶部斜坡面坡度 α 应大于或等于 14°，以减小屋脊跨度过大产生的挠度。

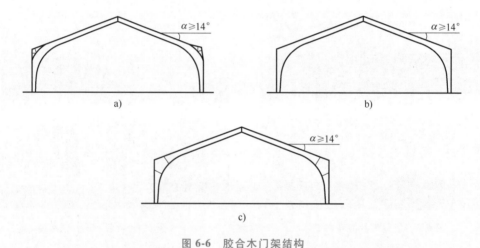

图 6-6　胶合木门架结构

a）弧形加腋门架（一）　b）弧形加腋门架（二）　c）指接门架

（4）胶合木空间结构　该结构是以胶合木构件作为主要承重构件形成的大跨空间结构，其结构体系分为空间木桁架、空间钢木组合桁架（图 6-7）和空间壳体结构（图 6-8）。空间木桁架是将木杆件进行铰接形成的结构高度大于梁结构高度的格构化体系，它提高了建筑的承载能力。空间钢木组合桁架将钢材和木材结合，弥补了木材易受拉变形的缺陷，提高了结构的刚度，通常应用于大跨度的屋盖中。空间壳体结构是在球面或柱面上规律布置木构件，从而形成大跨度的空间结构。胶合木空间结构适用于大跨度、大空间的体育建筑、展览馆以及交通枢纽等公共建筑。

3. 原木结构

原木结构是采用规格及形状统一的方木、圆形木叠合制作的结构。该结构集承重体系和围护结构于一体，不仅具有优良的气密、水密、保温、保湿、隔声、阻燃、绝缘等性能，而且原木建筑自身具有可呼吸性，能调节室内湿度，通常适用于住宅、医院、疗养院、养老院、托儿所、幼儿园、体育建筑等。

图 6-7　空间钢木组合桁架

图 6-8　空间壳体结构

根据不同的结构类型，原木结构可分为井干式结构、木框架剪力墙结构和传统梁柱式结构等。

（1）井干式结构　该结构如图 6-9 所示，它是对原木进行粗加工，水平组合叠加成长方形的框，各构件端部交叉咬合连接，逐层形成建筑的墙体，最后形成屋顶。该结构形成以井字形的墙体为特征，并以此作为建筑的主要承重体系。

（2）木框架剪力墙结构　该结构如图 6-10 所示，它是在由地梁、梁、横架梁与柱构成木构架上铺设木基结构板，各部分通过钉连接形成的方木原木结构。该结构抗侧力强，能够抵御风、地震带来的水平荷载。

图 6-9　井干式结构

图 6-10　木框架剪力墙结构

（3）传统梁柱式结构　该结构建筑如图 6-11 所示，它是指按照传统建造技术要求，采用榫卯连接方式对梁柱等构件进行连接的木结构，主要分为穿斗式木结构和抬梁式木结构两类。

穿斗式木结构是沿房屋进深方向在台基上立柱，在柱上直接架梁，梁上又立短柱（瓜柱），短柱上再抬梁，各部分靠穿枋贯通，层层叠加至屋脊而形成木构架。该结构施工便捷，抗震能力强，适用于小型建筑。

抬梁式木结构是在立柱上架梁，梁上又抬梁。它的特点是在柱顶或柱网上的水平铺作层上，沿房屋进深方向架数层叠架的梁，梁逐层缩短，层间垫短柱或木块，最上层梁中间立小柱或三角撑，形成三角形屋架。该结构的建筑面积大，空间布置灵活。

4. 木混合结构

木混合结构主要将木结构和其他结构混合承重，并以木结构为主要结构形式。木混合结构有上下组合和水平组合两种方式，包括上下混合木结构（图 6-12）以及混凝土核心筒木结构。上下混合木结构是上部为木结构，下部为其他结构的组合结构形式。其中，上部采用木结构，下部采用钢筋混凝土结构的称为"4+3"组合结构。混凝土核心筒木结构是在混凝土结构中，采用轻型木楼盖或轻型木屋盖作为水平楼盖或屋盖的组合结构形式，如轻型木桁架用在平屋面改坡屋面工程中等。

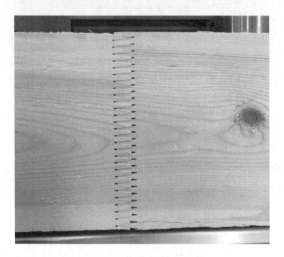

图 6-11　传统梁柱式结构

图 6-12　上下混合木结构

■ 6.2　装配式木结构建筑的特点

6.2.1　装配式木结构建筑的优点

1. 工业化程度高

装配式木结构尺寸设计不受约束，灵活性强，能够满足不同的设计要求。不仅能实现大规模的工厂化生产，而且可以根据用户的需求进行个性化的订制。此外，维修改造也便捷。这种装配式建筑的优点是工业化程度高，施工受气候条件影响小，构件生产组装的误差小，生产标准化水平高，建筑质量有保证，而且可以集中治理污染。

2. 抗震性能好

由于木结构采用榫卯连接吸能作用强，所以木结构建筑的抗震性能优于钢筋混凝土结构和钢结构。木结构强度高，抵抗严重震动的效果最佳；质量小，对人员和结构造成的危害最小；通过钉连接，都能缓冲和分散地震作用力，凸显了装配式木结构抗震的优势。

3. 环保性好

装配式木结构建筑建造的全过程碳排量较小，在所有建材中木材的碳排放量也最少。木材可以回收循环利用，处理其产生的建筑垃圾便捷。并且木材具有固碳功能，增加建筑本身的碳汇。装配式木结构主体结构完工后，不需要进行二次加工，避免了装修污染问题，所以装配式木结构建筑符合国家生态建设的发展需求，环保性好。

4. 舒适性好

由于木材本身的导热系数小，木质材料多孔，构造具有空腔的特点，装配式木结构具有更好的保温隔热能力，能够实现冬暖夏凉的效果。不同材料导热系数见表 6-2。试验结果表明，木结构墙体只需要砖墙厚度的 1/4 就能实现同等的保温能力。因此，装配式木结构可减少制冷和供暖的能耗，是节能环保的绿色建筑。同时，墙体厚度减小还可使室内空间增大。不仅如此，纯天然的木质材料提高了住户的舒适感，给人温馨的体验。

表 6-2　不同材料导热系数

材料	导热系数/[W/(m·K)]
混凝土	0.8~1.4
普通砖	0.69
玻璃板	0.76
石膏板	0.48
木材	0.1~0.2

6.2.2　装配式木结构建筑的缺点

1. 建造成本没有优势

木材属于天然生长的纤维质材料，不同的木材强度存在较大的差别。与其他材料相比，木材不能运用现代材料的焊接技术，加大了节点处的连接难度，削弱了建筑结构的功能，使设计环节的工作变得复杂，因此提高了装配式木结构的建造成本。

2. 木材易腐蚀、受虫害

木材的湿度影响木材的质量。当木材的含水量超过 25% 时，木腐菌附着在木材上，引起木材的腐蚀。同时，蛀虫也会在潮湿环境下繁殖生长，侵害木材。

3. 防火要求高

木材虽然是可燃材料，但是具有良好的耐火性，燃烧时表面会形成一层炭化层，隔绝内外空气，避免内部结构的损坏。但是，当建筑内部可燃物的数量增加时，则需要考虑防火措施，提高防火设防要求。

■ 6.3　装配式木结构在我国发展的优势和机遇

我国木结构建筑拥有悠久的历史，曾经在我国建筑领域占主导地位。由于我国幅员辽阔，各区域的地理条件、文化背景存在差异，木结构建筑各有千秋。为了解决居住问题，原始社会便利用浅穴建造了木架结构。古代，木结构建筑广泛用于宫殿、园林等建筑。其中，唐朝为木结构发展的鼎盛时期，该时期建造了大规模的木结构建筑，总结了相关的建筑技术，并传播到国外。在此基础上，其他朝代也不断发展木结构建造技术，如宋代的《营造法式》、清代的《工程做法则例》，系统总结了建筑、结构、施工方面的经验做法，进一步规范了建造技术。

新中国成立初期，我国的钢材、水泥严重匮乏，砖木结构为主要的建筑形式，木屋盖得到广泛应用。当时的木结构处于兴旺时期，高校不断推进木结构的教学，科研机构大力研发木结构工程技术，森林规模急剧减少，因此木结构发展进入停滞时期，以钢代木、以塑代木逐渐成为主流。

与古代木结构建筑相比，现代木结构建筑存在本质的差别，主要体现在原材料和功能两方面。现代木结构建筑采用绿色建材，将加工处理后的木质材料作为结构材料，用人造板材取代传统的天然原木，因此建筑结构性能提高。同时，现代木结构是功能集合体，兼具保温、隔声、节能、净化空气等性能，不仅功能齐全，而且更加节能环保。

随着我国经济实力的增强，人们对住房品质提出了更高的要求，木结构住宅以其节能保温、环保舒适的优越性，契合了消费市场的需求，具有广阔的发展空间，再次受到人们的青睐。

■ 6.4 装配式木结构在我国发展面临的难题

1. 人均木材资源匮乏

我国的人口基数大，有限的森林资源平摊到个人身上是有限的。统计数据显示，我国森林覆盖率只相当于全球森林覆盖率的61%，而人均森林面积仅相当于全球平均水平的21%。可采伐的森林和栽植的土地范围均有限，需求侧超过供给侧。同时，我国的森林资源分布不均衡，主要集中在东北、西南地区，导致相应的木结构产业发展失衡。随着装配式木结构的逐步发展，林业资源的匮乏将会限制木结构建筑产业的发展速度。

2. 传统观念根深蒂固

大部分人对木结构房屋存在刻板印象，认为木结构房屋是简陋的木房子，所以对木结构房屋接受度不高。然而，现代木结构建筑有别于传统农村木屋，其最大的特点在于将现代技术融入建造中，木材经过加工处理后进行拼装，形成了集生态、环保、美学、技术于一体的多功能建筑。目前，人们对现代木结构了解不充分，追求高容积率的住所，对木结构建筑的接受度不高，短时间内推广普及仍存在一定难度。

3. 木结构建筑行业鱼龙混杂

全球变暖带来了一系列环境问题，国家提出了建筑节能的发展要求，建筑开始向工业化的方向发展。近年来，木结构建筑开始复苏，出现了新的发展趋势，开始由传统的木结构向现代木结构转变。由于现代木结构建筑行业刚刚起步，相应的产业发展不均衡，导致企业水平参差不齐，一些不法商贩趁机牟利，贩卖劣质产品，严重影响木结构的质量，也产生了严重的安全隐患，不利于装配式木结构建筑行业的长远发展。

4. 相关专业人才缺失

现代木结构建筑最鲜明的特征在于其与现代科学技术相结合，改变了简单组装拼接的传统做法，因此需要配备专门的技术人员进行指导作业。我国的木结构研究停滞了近 20 年，一方面，缺乏长期从事木结构研究、经验丰富的专家；另一方面，大部分人对木结构的认识狭隘，不愿从事木结构工作。同时，我国建筑工业化进程刚刚起步，主要以劳动密集型的模式发展，与知识密集型的模式还有很大的差距。

■ 6.5　实例介绍

某装配式木结构建筑工程项目建筑面积为 $600m^2$，该项目建设用时 3 个月，如图 6-13 所示。该项目体现了三大亮点：首先，建筑主体结构材料为 CLT 胶合木，如图 6-13 所示，既展现了原木的本色，又符合结构和功能需求；其次，建筑外附着球形节能玻璃幕墙，采用三层中空低辐射（Low-E）曲面玻璃，将玻璃和木材结合，使建筑和环境融合；最后，建筑外围环绕 8 个花瓣状门廊，采用 3D 打印技术，使高性能水泥纤维材料成型，呈现出科技与庄重结合的建筑美感。整体建筑如盛开的莲花，花瓣包裹半球状"花苞"，每个门廊形似外开花瓣，中西合璧，

图 6-13　某项目内部

不拘泥于某一风格形式，呈现出装配式木结构建筑的无限可能与多样性。建筑内部空间功能集合了书屋、咖啡吧、文化艺术展厅、公共交流空间等功能。该项目作为多种装配式建筑材料的融合实践，全面体现出了装配式建筑科技、高效、绿色、环保的特性。

知识归纳

1. 装配式木结构建筑是指主要的木承重构件、木组件和部品在工厂预制生产，并通过现场安装而成的木结构建筑。

2. 装配式木结构建筑按承重构件选用的材料不同，可分为轻型木结构、胶合木结构、原木结构以及木混合结构。

3. 轻型木结构是由规格材、木基结构板材或石膏板制作的木构架墙体、楼板和屋盖系统构成的单层或多层建筑结构。

4. 胶合木结构包括承重构件主要由层板胶合木制作和承重构件主要由正交胶合木制作的两种木结构形式。胶合木结构按结构主要承重构件的类型可分为胶合木梁柱式结构、胶合木拱形结构、胶合木门架结构和胶合木空间结构等。

5. 原木结构采用规格及形状统一的方木、圆形木叠合制作，是集承重体系和围护结构

于一体的木结构体系。

6. 原木结构根据其结构类型不同，可分为井干式结构、木框架剪力墙结构和传统梁柱式结构等。其中，传统梁柱式结构主要分为穿斗式木结构和抬梁式木结构两类。

7. 装配式木结构建筑具有工业化程度高、抗震性能好、环保性好、舒适性好等性能。

 习 题

1. 装配式木结构建筑的定义是什么？
2. 装配式现代木结构体系有几种？
3. 各种不同的木结构体系有什么区别？
4. 简述装配式木结构的性能，并比较传统木结构的特点，分析装配式木结构的优点和缺点。
5. 结合本章所学内容，请以小组为单位，选取一个与装配式木结构的相关案例，进行分析，最后以 PPT 的形式进行展示。

第 7 章　装配式建筑外围护系统

【本章目标】

1. 了解装配式外围护系统的概念和特点。
2. 重点掌握装配外围护系统的分类以及适用范围。
3. 了解装配式外围护系统的技术特点、关键环节和当前存在的技术难题。

【重点、难点】

本章要求重点掌握装配式外围护系统的分类以及适用范围。本章的难点在于学习并了解装配式外围护系统的技术特点及当前存在的技术难题。

■ 7.1　外围护系统概述

7.1.1　外围护系统的概念

建筑为人们提供一个遮风挡雨、防晒御寒的场所，其外围结构以基础结构和主体结构为支撑。出于环保发展的现实需求，我国正积极引导大力发展装配式建筑，国内自上而下都纷纷加入装配式建筑的建造中。但是，就现实情况而言，建造的重心放在主体结构的装配上，忽略了外围护系统、内装修系统、设备与管线系统三大系统的集成，导致人们对装配式建筑的认同感较低。因此，外围护系统设计、制作及施工技术是发展装配式建筑的难点与重点。

装配式建筑的外围护系统主要包括建筑外墙、屋面、外门窗及其他与外部环境直接接触的部品部件等，主要用于分隔建筑室内和室外环境。装配式建筑的外围护系统与传统外围护系统有区别，更加强调预制化与集成化。

7.1.2　外围护系统的特点

为了抵御外界环境的不利影响，外围护系统应具有防火、防水、隔声、隔热、保温、抗震、抗风压、耐久等性能。除上述功能外，外围护系统的建筑艺术效果的呈现也是一个重要的功能。

与传统外墙相比，装配式外围护系统具有以下优势：

（1）劳动生产率 预制外墙进行工厂化生产，机械化程度高，节省材料的损耗，提高了工作效率。

（2）资源利用率 传统墙体耗材、耗水、耗能，不能循环使用。预制外墙恰恰相反，预制模板、养护用水都可重复利用。

（3）施工人员 传统外墙施工环境较差，工作时间长，高空作业也存在安全隐患，不利于工人的健康安全以及素质水平的提高。预制外墙的生产组装机械化对从业人员的知识技能要求提高，从而带动整体工人的素质水平提高。

（4）建筑寿命 传统现浇建筑结构改造困难，而预制墙板维护改造方便，可以随时进行翻新调整，增强建筑的耐久性。

■ 7.2 外围护系统的分类

根据结构形式的不同，装配式建筑可分为装配式混凝土结构建筑、装配式钢结构建筑和装配式木结构建筑三类，不同结构的外围护系统有所差异，因此存在不同的分类方式，例如：按与主体结构的连接形式可分为外挂式、内嵌式以及内嵌外挂结合式；按施工现场有无骨架组装又可分为预制墙板类、骨架组装类、幕墙类等，其中各类型墙板又可根据不同材质、结构、连接方式等进一步细化分类。

7.2.1 预制墙板类

1. 预制混凝土外挂墙板

预制混凝土外挂墙板是指安装在主体结构上，发挥围护和装饰作用的非承重预制混凝土外墙板，简称外挂墙板，也称为 PC 墙板，如图 7-1 所示。外挂墙板锚筋伸进楼板中，与主体结构现浇结合，通过企口上下连接进行固定，通常适用于抗震设防烈度不大于 8 度地区的混凝土结构或钢结构。

按不同分类因素，预制混凝土外挂墙板又可分为以下几种类型：

1）按建筑外墙功能进行分类，预制混凝土外挂墙板包括装饰板系统和围护板系统。其中，按照建筑立面特征的不同，围护板系统可细分为横条板体系、竖条板体系和整间板体系三类。

横条板体系如图 7-2 所示，它将立面设计变为横向线条，以楼层为单位划分若干开间的墙板作为一个预制构件。竖条板体系如

图 7-1 预制混凝土外挂墙板

图 7-3 所示，它以竖向线条为主，以开间为单位划分竖向楼层的墙板作为一个预制构件。整间板体系从墙板与窗洞口的关系来进行划分，分为整间板和窗间墙板两类。当外墙板预留窗洞口，每个开间是一块标准单元的外墙板。当外墙板与窗洞分开时，可以将横向的上下侧窗台板或竖向的左右侧窗间板作为标准单元的外墙板。整间板纵横墙交接处采用后浇混凝土连接，窗间墙板则在横墙与窗间墙交接处设置后浇混凝土。

图 7-2　横条板体系

图 7-3　竖条板体系

2）按保温类型分类，预制混凝土外挂墙板可分为外墙外保温系统、外墙内保温系统、夹心保温系统。其中，外墙外保温是将保温层置于主体墙材外侧的保温做法。该做法不影响内部装修，可以较好地保护外墙体，减小墙板受温度变化产生的应力变形，延长建筑的使用寿命，是目前应用最广泛的保温做法。但是该做法对保护层施工有较高的要求，若施工不合理，则易导致保护层脱落，同时水蒸气因渗透阻过大，水分保留在墙体中，使得保温层受潮性能减弱。

内保温系统如图 7-4 所示，该系统在外围护墙体内预设保温层，是一种传统的保温方式。内保温本身做法简单，施工方便，无须搭设脚手架，因此造价较低，适用于高层住宅，可以避免保温层脱落带来的安全问题，同时内保温系统常使用燃烧等级高的材料，有利于建筑防火。但是墙体内部敷设保温层增加墙体厚度，占用室内空间，降低了得房率。为了保护内保温结构，房间内壁不能悬挂重物，影响室内装饰。建筑外部气候变化使得室内外温差大，墙面热胀冷缩现象严重，墙体易出现变形、裂缝，建筑的耐久性降低。

夹心保温系统如图 7-5 所示，它由外围护墙内外两层板组成，保温层填充于中间，并通过局部现浇及钢筋套筒连接等有效的连接方式组装。夹心保温技术非常适合用于预制外墙板，它便于工厂加工，对保温材料起到防护作用，能够将墙体保温、防水和装饰集为一体。采用夹心保温时，保温层两侧的墙体会产生温差，造成墙体的损害，缩短建筑的使用寿命。

在圈梁、构造柱等部位易产生热桥效应，出现结露、发霉现象，舒适性欠佳。此外，该类墙板抗震性能较差。

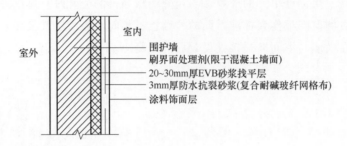

图 7-4 内保温系统

3）按结构形式分类，预制混凝土外挂墙板可分为预制钢筋混凝土复合保温外挂墙板系列、预制钢框架混凝土复合保温外挂墙板系列。我国首栋装配式钢结构住宅位于上海市浦东新区惠南新市镇，该项目采用钢结构框架，结合预制混凝土夹心保温外墙，运用螺栓连接技术将剪力墙与楼板进行连接。悉尼歌剧院裙房如图 7-6 所示，其外挂墙板采用彩色露明装饰混凝土。

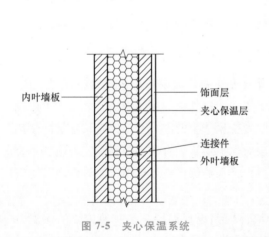

图 7-5 夹心保温系统

图 7-6 悉尼歌剧院裙房预制混凝土外挂墙板

4）按混凝土形式分类，预制混凝土外挂墙板可分为预制普通混凝土外挂墙板、预制轻质混凝土外挂墙板。轻质混凝土复合外挂板将普通混凝土和轻质微孔混凝土依次浇筑成型，两层结合为一体，经自然养护而成，并通过反打工艺使面层达到清水混凝土效果。轻质微孔混凝土属于无机保温材料，具有轻质、成本低、施工方便和耐久性好等特点。

5）按外立面效果分类，预制混凝土外挂墙板可分为预制清水混凝土外挂墙板、预制彩装混凝土外挂墙板。

预制清水混凝土外挂墙板直接保留混凝土本身的肌理颜色，不添加其他装饰，呈现出自然质朴的感觉。预制清水混凝土外挂墙板取消了抹灰层和面层，避免了墙体脱落、开裂等问题，节省了成本。同时，混凝土的处理手法多样，具有很强的表现力，能够呈现出别样的立面效果。预制清水混凝土施工效果如图 7-7 所示，清水混凝土外挂墙板施工前首先进行模板的制作，对模板进行裁切、定位开孔、加固及拼缝处理、编号等流程，再利用施工机械进行吊装并做好支撑处理，然后浇筑高质量混凝土，最后进行脱模。在拆除脱模后，施工人员在表面涂抹保护剂进行修护，不再进行任何的外部抹灰工程。

在制作 PC 挂板时，模具表面可以贴瓷砖、石材等饰面材料。预制彩装混凝土外挂墙板如图 7-8 所示，它是在混凝土板外刷彩色涂料或将混凝土与色料混合，制作出彩色混凝土，从而形成丰富的立面效果。

图 7-7　预制清水混凝土施工效果

图 7-8　预制彩装混凝土外挂墙板

6) 按生产工艺分类，预制混凝土外挂墙板可分为预制混凝土正打外挂墙板与预制混凝土反打外挂墙板。

正打工艺是预制板的里面向下接触平模的底膜，板的外面朝上，在板的外面用印花或压花的方法，将砂浆通过有图案的模板印出或压出所需要的图案花饰。与"正打工艺"正好相反，反打工艺是在模具中预铺各种花纹的衬模，使墙板的外皮朝内，内皮朝外，即建筑外墙用饰面、石材等在工厂事先打到混凝土中，从而形成一体化的预制构件。装饰性外挂板效果如图 7-9 所示。

反打工艺

图 7-9　装饰性外挂板

2. 预制混凝土三明治夹心外墙板

预制混凝土三明治夹心外墙板类似"三明治"的结构，如图 7-10 所示，它包括内叶板、外叶板、夹心保温层，通过连接件拉结，其中连接件以纤维增强塑料或不锈钢金属材料为主，保温层按材料可分为有机类保温层和无机类保温层。预制夹心外墙板施工时预先将夹心保温材料填充进内、外叶墙体之间，形成有效的围护结构保温系统，同时采用连接件对内、外叶墙板进行有效拉结，避免了薄抹灰系统开裂、保温层易脱落等问题，达到饰面层、保温层与结构同寿命，从而实现装饰、保温与承重一体化。通常外叶板的厚度为 60mm，建筑的防火性能得到加强，但是，墙体厚度的增加带来了结构上的负担，减少了可利用的建筑空间。此外，连接件的布置与锚固需要进行精细化设计，并对其进行试验验证，从而保障建筑的安全可靠。相比普通外挂板，目前夹心外墙板成本增加较多，因而尚未在国内大规模推广。

预制混凝土三明治夹心外墙板适用于抗震设防烈度 8 度及以下地区的高层建筑，包括混凝土结构中装配式外墙和钢结构中非承重外墙，目前在装配式混凝土剪力墙结构中的应用最广泛。

3. 蒸压加气混凝土条板

蒸压加气混凝土条板如图 7-11 所示，是以水泥、石灰、硅砂为主要原料，根据结构要求加入不同数量的防腐钢筋网，经过高温高压下蒸养而成的。它的密度小于普通胶凝材料，集防火、隔声、隔热等性能于一体，是一种轻质、环保的建筑施工材料。该板材质量小，厚度小，实际运用灵活方便；耐火性能好，属于一级防火材料；板材侧面设有凹凸槽，具有隔声和吸声的双重功效；板内加设增强钢筋，防止板材开裂，加强结构稳定性，简化施工环节；同时，此类板材的成本低，现场文明施工效果好，具有良好的经济效益和社会效益，契合低碳环保的发展理念。它主要适用于写字楼、医院、学校等公共建筑、旧楼改造工程和室内非承重隔墙。

图 7-10 预制混凝土三明治夹心外墙板

图 7-11 蒸压加气混凝土条板

4. 复合夹心条板

复合夹心条板包含面板和填充材料，其中面板有纤维增强硅钙板、水泥硅钙板等，填充材料有水泥、粉煤灰、EPS 聚苯乙烯泡沫颗粒等，是一种轻质、节能复合板材，广泛应用于各种结构类型建筑的非承重内墙、分户墙、节能保温外墙等。

5. 预制复合型墙板

预制复合型墙板按材质分类，可分为钢筋混凝土绝热材料复合墙板、钢丝网架水泥夹心板、玻璃纤维增强水泥复合墙板等。

（1）钢筋混凝土绝热材料复合墙板　钢筋混凝土绝热材料复合墙板采用钢筋混凝土作为承重层，饰面层采用混凝土，中间内置夹心保温板，保温板材料一般为岩棉或聚苯板。保温层的厚度可以根据气候条件和建筑要求进行调整，包括 50mm、80mm、100mm 等几种规格。该板材重度较大、热惰性好，广泛应用于钢结构住宅中，施工方便、便于安装且有利于抗震处理，但由于保温层整体预制在复合板内部，在接缝处易形成热桥，削弱了板材的保温隔热性能。热桥现象是指建筑某些部位的传热能力强，热流量大，而内表面的温度低，热量散失快，通常出现在围护结构中的钢筋混凝土或金属梁、柱、肋等部位。

（2）钢丝网架水泥夹心板　钢丝网架水泥夹心板包括钢丝网片、保温板、两侧混凝土层，基本的结构层依次为水泥砂浆、钢丝网、保温芯板、水泥砂浆。采用多条冷拔斜插钢丝连接两侧的钢丝网片，通过焊接形成纵横交错的三维空间网架，加强钢丝网片的连接。保温芯材通常采用聚苯乙烯泡沫塑料、岩棉、玻璃棉条等阻燃型绝热材料。板材两侧经过铺抹或喷涂水泥砂浆处理，构成完整的钢丝网架水泥夹心板。混凝土层既可以在现场进行喷抹，也可提前在工厂预制。

该板材具有隔声、保温以及隔热等性能，使得住宅舒适性大幅提升。同时，由于其质量小，网架稳定性强，相应提高了其抗震能力。大多数的建筑构件均是通过流水生产线制作而成，降低了施工期限，并且无须耗费大量财力。但是在制作流程上，由于工艺的烦琐导致板材质量参差不齐，钢丝网架水泥夹心板在使用中也存在墙板接缝处容易形成热桥的问题，这严重削弱了建筑的保温和隔热性能。钢丝网架水泥夹心板主要应用于钢结构住宅的内、外填充墙、接层墙和高层建筑的外墙等。

（3）玻璃纤维增强水泥复合墙板　玻璃纤维增强水泥复合板（GRC 板）是采用低碱度的水泥砂浆作为基材，耐碱玻璃纤维作为面层的增强材料，中间铺设钢筋混凝土加固，再与保温隔热材料复合而成的新型墙体。GRC 墙板具有保温隔热、防水、隔声、抗裂特点，其物理性能见表 7-1。同时，GRC 墙板装饰性能好，可塑性强，能满足多变的造型要求，适用于大型公共建筑的外围护结构，但是对于中低端建筑和住宅存在成本劣势，通常适用于钢结构、住宅、公建等高端建筑中。南京青奥中心如图 7-12 所示，其外墙采用 GRC 幕墙围护，由上万块折板、双曲及单曲的 GRC 板构成。

表 7-1　GRC 墙板物理性能

项目	指标范围
体积密度/（kg/m³）	≥2000
抗折强度/MPa	22~26
抗冲击强度/（kJ/m²）	8~10

（续）

项目	指标范围
吸水率（%）	≤9.3
干缩性（%）	0.12

图 7-12　南京青奥中心

7.2.2　骨架组装类

　　根据墙体采用的建筑材料，骨架组装类外墙主要包括单一材料墙板、复合材料墙板、玻璃幕墙三类。单一材料墙板通常采用轻质保温材料，例如加气混凝土墙板。复合材料墙板通常有三层，包括外面层、填充层和内面层。其中，骨架部分主要以轻型龙骨或木龙骨为主，外面层采用石膏板和石棉水泥板，填充层采用石膏浆料作为夹芯。外面层材料要兼顾耐久性和防水性，内面层材料要考虑防火要求且便于装修，填充层材料宜采用密度低、保温性能好的材料。骨架施工时应先搭建龙骨框架并进行定位放线，按照设计要求施工并保证墙面垂直、平整。在布置预埋设备管线时，要注意避开龙骨。骨架墙通常布置在框架或排架柱间，广泛应用于多层和高层民用建筑与工业建筑。

7.2.3　幕墙类

　　幕墙作为建筑的外围护墙体，具有独特的装饰效果，但不承重，广泛应用于大型和复杂造型建筑中，主要由骨架、面层、结构连接材料和密封材料组成。幕墙组成部分主要材质见表 7-2。

表 7-2　幕墙组成部分主要材质

幕墙组成部分	骨架	面层	结构连接材料	密封材料
主要材质	钢、不锈钢、铝合金	玻璃、金属、石材、人造板材	玻璃胶、双面胶、角钢（铝）、螺栓	密封胶条、硅酮耐候胶、密封衬垫材料

幕墙系统可按照材质、构件、封闭类型等进行分类。本章讨论的幕墙系统区别于常规的玻璃幕墙、砌块填充墙等，主要介绍装配化、集成化的幕墙。

1. 按材质分类

装配式幕墙系统按材质分类，可分为玻璃幕墙、金属幕墙、石材幕墙和人造板材幕墙。

2. 按构件分类

装配式幕墙系统按构件分类，可分为框架式（元件式）和单元式两种。

框架式幕墙是在工厂生产构件，到现场按照设计要求组装完成的幕墙。单元式幕墙是指由各种幕墙面板与支承框架在工厂制作构成的一个完整的幕墙结构基本单元，可以直接安装在主体结构上的建筑幕墙，其装配化程度较高。上海中心大厦的单元式幕墙如图 7-13 所示。

3. 按封闭类型分类

装配式幕墙系统按封闭类型可分为封闭式和开放式（如双层玻璃幕墙）。开放式幕墙就是幕墙板缝不注密封胶。封闭式幕墙是指幕墙板块之间采取密封措施处理的幕墙，比如注胶、胶条、密封胶等。

图 7-13　上海中心大厦单元式幕墙

打胶工艺

■ 7.3　外围护系统技术、难点和关键环节

7.3.1　外围护系统技术环节

1. 外围护系统的核心部分——外墙

从砖石、木建筑到现代建筑，外墙的形态无时无刻不在发生着变化，建筑外墙的边界日益模糊，但是作为建筑内、外环境的过渡这个特征从未改变。外墙作为建筑保温的核心，不仅要满足使用者的功能要求，而且要达到规范对其承载力、保温隔热、防火隔声等性能的指标要求。传统砌筑外墙自重大，现场施工烦琐。为了解决这些问题，构件厂生产预制轻质外墙板。轻质外墙板具有多方面的优势，如：通过梁柱传递荷载，外墙板不承重；自量轻，强度高，保温隔热性能好；工厂加工，装配化施工，标准化程度高，施工进度加快；施工工艺简单，只需少量安装人员等。随着装配式建筑的推广及应用，越来越多的预制轻质构件被应用于建筑。

2. 外围护系统的重要部分——屋顶

随着建筑保温、防水材料的多样化，建筑屋面形式愈发丰富，其性能也得到提高。屋顶作为建筑的第五立面，不仅需要考虑保温隔热功能，而且要符合防水、排水的设计要求。对于有造型要求的建筑，屋顶需要考虑承载力、刚度和稳定性等。

3. 外围护系统的关键部位——门窗

门窗联系建筑和外部环境，不仅是建筑进行热交换的活跃部位，也是建筑节能的关键部位。门窗渗透的热损失和冷风渗透的热能耗，达到整个建筑热能耗的一半以上。对于公共建筑而言，其窗墙比达到 70%，能量流失严重，因此门窗节能对于建筑物节能保温就显得尤为重要。

然而，据统计，建筑过程质量的投诉中对门窗质量的投诉达到 60%，超过 65% 的门窗未满足国家节能标准的要求。目前，我国门窗行业主要问题集中于型材强度、抗老化、使用耐久性、力学等性能不达标这几方面。

在相关制度方面，与欧美国家不同，我国建筑节能标准较低，缺少对门窗的指导性规划。在设计过程中，建筑师常忽略窗墙比、朝向等因素，只追求最低指标或造型需要，阻碍建筑节能水平发展，所以建筑节能工作无法落实。在实际生活中，由于门窗指标给出的区间过大，限制了高性能节能门窗、相关产品和技术的发展与应用。在质量把控方面，第三方机构未对门窗产品使用性能进行检验与评价，造成市场上的门窗产品质量良莠不齐。

4. 外围护系统的组成要素——保温绝热材料

随着全球气候环境的恶化，各行业开始重视环保节能，建筑行业属于我国主要能源消耗的重点领域之一，其中外墙保温技术是影响建筑能耗的重要技术难关。而保温绝热材料是实现外墙保温技术的重要保证，因此加强保温隔热材料的研发是外围护系统的一大技术环节。保温绝热材料是节能材料的一种，既包括保温材料（防止室内热空气的散失），又包括保冷材料（降低建筑的能源负荷，起到节能的效果）。

7.3.2 外围护系统难点和关键环节

1. 外围护系统的集成化

我国建筑业装配式建筑领域常用的全截面预制外围护墙自重较大，而且存在梁柱核心区域存在预制与现浇混凝土的收缩冷缝，影响了其整体性。装配式外围护系统突出集成化和预制化，不同于现浇混凝土及非装配式建筑的常规做法。因此，装配式建筑一般应选择预制化和集成化的围护隔墙系统。装配式建筑外围护系统在装配式建筑中承担了多重功能，是装配式建筑设计、制作、施工的难点和关键环节之一。

2. 连接节点的处理

装配式外围护结构中，如何选择安全可靠的节点形式，使围护结构既满足结构性能要求，又实现保温隔热功能，做到结构、围护、保温一体化是一大难题。

3. 建筑美学的表达

装配式建筑具有模块化、标准化的特点，而建筑外围护呈现的艺术效果也是其重要功能之一。追求模数统一的尺寸、标准化的构件会导致建筑造型的单一化，随着人们对建筑个性的塑造的重视，如何处理标准化与多样化的矛盾是外围护系统技术的一个难题。

4. 行业标准的不成熟

目前，我国的装配图集和规范标准不统一，部品部件生产未成体系，构件尺寸参差不齐，阻碍了装配市场的发展，不利于产业化进程。近年来，国家开始倡导新型材料的研发，而此类建材价格偏高，短期内大规模推广困难。

 知识归纳

1. 装配式建筑的外围护系统主要包括建筑外墙、屋面、外门窗及其他与外部环境直接接触的部品部件等，主要用于分隔建筑室内和室外环境。

2. 为了抵御外界环境的不利影响，外围护系统应具有防火、防水、隔声、隔热、保温、抗震、抗风压、耐久等性能。除上述功能外，外围护系统还应满足建筑艺术装饰的要求。

3. 外围护系统可大致分预制墙板类、骨架组装类、幕墙类等。

 习　题

1. 简述装配式建筑外围护系统的定义及特点。
2. 简述外围护系统的分类。
3. 简述外围护系统技术体系应涵盖的方面。
4. 从建筑节能的角度出发，请查阅相关资料，提出装配式建筑外围护系统的改进措施。
5. 通过案例或文献了解装配式建筑外围护系统的应用目前存在哪些主要问题。

第8章 结构分析方法

> 【本章目标】
> 1. 了解各结构体系的一般规定，了解结构分析的一般思想。
> 2. 掌握结构的验算，学会选择合理的结构体系。

> 【重点、难点】
> 本章体系规定较多，难以熟记于心，相关规定了解即可。本章重点掌握作用
> 结构的验算，学会选择合理的结构体系。

■ 8.1 结构体系的一般规定

8.1.1 装配式混凝土结构体系的一般规定

装配式混凝土结构的设计与传统的混凝土结构不同，设计者需要更多且更深入地考虑，如传统结构只需要考虑是否可以施工，而装配式结构设计时考虑得要更加全面。

由《装配式混凝土建筑技术标准》（GB/T 51231—2016）装配式混凝土结构体系的一般规定如下：

1. 最大适用高度

装配整体式框架结构如图 8-1 所示、装配整体式剪力墙结构如图 8-2 所示。装配整体式框架-现浇剪力墙结构等建筑结构的最大适用高度应满足规范的要求，并应符合以下规定：

1）行业标准《高层建筑混凝土结构技术规程》（JGJ 3—2010）规定了装配式建筑竖向构件全部现浇且楼盖为叠合梁板时的最高适用高度。对于装配整体式剪力墙结构与整体式部分框支剪力墙结构，在一定水平力作用下，当预制剪力墙构件的底部总剪力大于该层总剪力的一半时，房屋的最大适用高度应低于原有规定；当预制剪力墙构件底部承担的总剪力大于

该层总剪力的 80%时，房屋的最大适用高度不应超过表 8-1 中括号内的数值。

图 8-1　装配整体式框架结构

图 8-2　装配整体式剪力墙结构

表 8-1　装配整体式混凝土结构房屋的最大适用高度　　　　　（单位：m）

结构类型	抗震设防烈度			
	6 度	7 度	8 度（0.20g）	8 度（0.30g）
装配整体式框架结构	60	50	40	30
装配整体式框架-现浇剪力墙结构	130	120	100	80
装配整体式框架-现浇核心筒结构	150	130	100	90
装配整体式剪力墙结构	130（120）	110（100）	90（80）	70（60）
装配整体式部分框支剪力墙结构	110（100）	90（80）	70（60）	40（30）

注：1. 房屋高度指的是室外地面到主要屋面的高度，不包括局部凸出屋顶的部分。

　　2. 部分框支剪力墙结构指的是地面以上有部分框支剪力墙的剪力墙结构（不包括仅个别框支墙的情况）。

　　3. g 为重力加速度。

2）当装配整体式剪力墙结构以及装配整体式部分框支剪力墙结构的剪力墙边缘构件的竖向钢筋采用浆锚搭接时，房屋最大适用高度应比表 8-1 中数值低 10m。超过表内高度的房屋，应请专家进行研究与论证，同时采取加强措施。

2. 高宽比

高层装配整体式混凝土结构的高宽比不宜超过表 8-2 中的数值。高层装配整体式混凝土结构的高宽比见表 8-2。

表 8-2　高层装配整体式混凝土结构的高宽比

结构类型	抗震设防烈度	
	6 度、7 度	8 度
装配整体式框架结构	4	3
装配整体式框架-现浇剪力墙结构	6	5
装配整体式剪力墙结构	6	5
装配整体式框架-现浇核心筒结构	7	6

3. 抗震等级

装配整体式混凝土结构的构件在进行抗震设计时应综合考虑设防类别、抗震设防烈度、结构类型、房屋高度等采取不同的抗震等级，并应符合相应的计算和构造措施要求。丙类装配整体式混凝土结构的抗震等级应按表 8-3 确定，其他抗震设防类别和特殊场地类别下的建筑结构应符合国家现行标准《建筑抗震设计规范（2016 年版）》（GB 50011—2010）、《装配式混凝土结构技术规程》（JGJ 1—2014）、《高层建筑混凝土结构技术规程》（JGJ 3—2010）的规定。

表 8-3　丙类装配整体式混凝土结构的抗震等级

结构类型		抗震设防烈度							
		6 度		7 度			8 度		
装配整体式框架结构	高度/m	≤24	>24	≤24	>24		≤24	>24	
	框架	四	三	三	二		二	一	
	大跨度框架	三	三	二	二		一	一	
装配整体式框架-现浇剪力墙结构	高度/m	≤60	>60	≤24	>24且≤60	>60	≤24	>24且≤60	>60
	框架	四	三	四	三	二	三	二	一
	剪力墙	三	三	三	二	二	二	一	一
装配整体式框架-现浇核心筒结构	框架	三	三	二	二	二	一	一	一
	核心筒	二	二	二	二	二	一	一	一
装配整体式剪力墙结构	高度/m	≤70	>70	≤24	>24且≤70	>70	≤24	>24且≤70	>70
	剪力墙	四	三	四	三	二	三	二	一
装配整体式部分框支剪力墙结构	高度/m	≤70	>70	≤24	>24且≤70	>70	≤24	>24且≤70	>70
	现浇框支框架	二	二	二	二		一	一	
	底部加强部位剪力墙	三	二	三	二		二	一	
	其他区域剪力墙	四	三	四	三		三	二	

4. 抗震设计

对于装配整体式混凝土的高层结构，当其房屋高度、建筑规则性等不符合《装配式混凝土建筑技术标准》的规定或者抗震设防标准的特殊要求时，可按国家现行标准《建筑抗震设计规范》和《高层建筑混凝土结构技术规程》的相关规定对结构进行抗震设计。当采用《装配式混凝土建筑技术标准》未规定的结构类型时，可对结构整体或构件的极限状态进行试验复核，同时应进行专项论证。

5. 结构整体性

装配式混凝土建筑在结构设计时应具有结构整体性的保证措施。安全等级为一级的高层结构在设计时应按现行的行业标准《高层建筑混凝土结构技术规程》的相关规定进行防止连续倒塌设计。

6. 高层建筑

高层建筑的装配整体式混凝土结构应符合以下规定：地下室宜采用现浇混凝土的方式；剪力墙结构和部分框支剪力墙结构的底部加强区宜采用现浇混凝土；框架结构的首层柱宜采用现浇混凝土。当框架结构的首层柱、底部加强区的剪力墙采用预制构件而非现浇时，应采取可靠的技术措施。

8.1.2 装配式钢结构体系的一般规定

1. 装配式钢结构的结构设计应符合的规定

1）结构设计应符合现行国家标准《工程结构可靠性设计统一标准》（GB 50153—2008）的规定，结构的设计使用年限至少为 50 年，其安全等级至少为二级。

2）装配式钢结构应按国家现行标准《建筑工程抗震设防分类标准》（GB 50223—2008）的规定确定其抗震设防类别，并应按国家现行标准《建筑抗震设计规范》进行抗震设计。

2. 钢材牌号和质量等级的确定

应综合考虑构件重要性和荷载特征、结构形式、连接方法、应力状态、工作环境以及钢材品种和板件厚度等因素，并且应在设计文件中注明完整的钢材技术要求。钢材性能应符合国家现行标准《钢结构设计标准》（GB 50017—2017）及其他相关标准的规定。有条件时，可采用耐候钢等高性能的钢材。

3. 装配式钢结构的结构体系的规定

装配式钢结构的结构体系应符合以下规定：

1）计算简图明确、传力路径合理。

2）具有一定的承载能力、刚度和耗能能力。

3）避免因部分结构或者构件的破坏而导致整个结构丧失承载能力。

4）应对薄弱部位采取加强措施。

4. 装配式钢结构的结构布置的规定

装配式钢结构的结构布置应符合以下规定：

1）平面布置宜规则、对称。

2）竖向布置宜保持刚度、质量变化的均匀性。

3）应考虑温度、地震或者不均匀沉降等效应的不利影响。

4）当设置伸缩缝、抗震缝、沉降缝时，应满足相应的功能要求。

5. 装配式钢结构的结构体系

装配式钢结构的主要结构体系如下：

1）钢框架结构。

2）钢框架-支撑结构。

3）钢框架-延性墙板结构。

4）筒体结构。

5）巨型结构。

6）交错桁架结构。

7）门式刚架结构。

8）低层冷弯薄壁型结构。

6. 最大高度

重点设防类以及标准设防类的多高层装配式钢结构适用的最大高度应符合表 8-4 的规定。

表 8-4　多高层装配式钢结构适用的最大高度　　　　　　　　（单位：m）

结构体系	抗震设防烈度					
	6 度 (0.05g)	7 度		8 度		9 度（0.40g）
		(0.10g)	(0.15g)	(0.20g)	(0.30g)	
钢框架结构	110	110	90	90	70	50
钢框架-中心支撑结构	220	220	220	180	150	120
钢框架-偏心支撑结构、钢框架-屈曲约束支撑结构、钢框架延性墙板结构	240	240	220	200	180	160
筒体（框筒、筒中筒、桁架筒、束筒）结构、巨型结构	300	300	280	260	240	180
交错桁架结构	90	60	60	40	40	—

注：1. 房屋高度指的是室外地面到主要屋面板的板顶高度（不包括局部凸出屋顶部分）。

　　2. 对于超过表内高度的房屋，应对其进行专门研究和论证并采取加强措施。

　　3. 抗震设防烈度 9 度区不得用交错桁架结构。

　　4. 柱子可采用钢柱或者钢管混凝土柱。

　　5. 对于特殊设防类，抗震设防烈度 6 度、7 度、8 度时宜比本地区抗震设防烈度高一度后选用本表，9 度时应做专门研究。

　　6. g 为重力加速度。

7. 最大高宽比

多高层装配式钢结构的高宽比不宜大于表 8-5 的规定。多高层装配式钢结构建筑适用的最大高宽比见表 8-5。

表 8-5　多高层装配式钢结构建筑适用的最大高宽比

抗震设防烈度	6 度	7 度	8 度	9 度
最大高宽比	6.5	6.5	6.0	5.5

注：1. 计算高宽比的高度从室外地面算起。

　　2. 当塔形建筑底部有大底盘时，计算高宽比的高度应从大底盘顶部算起。

8. 位移角

在风荷载或是多遇地震标准值作用下，弹性层间位移角不宜大于 1/250（采用钢管混凝土柱时不宜大于 1/300）。在风荷载标准值作用下的装配式钢结构住宅的弹性层间位移角不应大于 1/300，屋顶水平位移与建筑高度之比不宜大于 1/450。

9. 风振舒适度

高度不小于 80m 的装配式钢结构住宅以及高度不小于 150m 的其他装配式钢结构应进行风振舒适度验算。在国家标准《建筑结构荷载规范》（GB 50009—2012）规定的 10 年一遇的风荷载标准值的作用下，结构顶点的顺风向和横风向振动最大加速度计算值不应超过表中的限值。结构顶点的顺风向和横风向振动最大加速度，可按《建筑结构荷载规范》的有关规定计算，也可通过风洞试验确定，结构顶点的顺风向和横风向风振加速度限值见表 8-6。计算时钢结构阻尼比宜取 0.01~0.015。

表 8-6　结构顶点的顺风向和横风向风振加速度限值　　　　（单位：m/s^2）

使用功能	风振加速度限值
住宅	0.20
公寓	0.25

10. 多高层装配式钢结构整体稳定性应符合的规定

（1）框架结构计算　框架结构应满足公式，即

$$D_i \geqslant 5 \sum_{j=i}^{n} \frac{G_j}{h_i} (i = 1, 2, \cdots, n) \qquad (8-1)$$

式中　D_i——第 i 楼层的抗侧移刚度（kN/mm），可取该层剪力与层间位移的比值；

$\quad\quad h_i$——第 i 楼层层高（mm）；

$\quad\quad G_j$——第 j 楼层重力荷载设计值（kN），取 1.2 倍的永久荷载标准值与 1.4 倍的楼面可变荷载标准值的组合值。

（2）其他结构计算　钢框架-支撑结构、钢框架-延性墙板结构、筒体结构、巨型结构、交错桁架结构应满足公式，即

$$EJ_d \geqslant 0.7H^2 \sum_{i=1}^{n} G_i \qquad (8-2)$$

式中　H——房屋高度（mm）；

$\quad\quad EJ_d$——结构一个主轴方向的弹性等效侧向刚度（$kN \cdot mm^2$），可按倒三角形分布荷载作用下结构顶点位移相等的原则，将结构的侧向刚度折算为竖向悬臂受弯构件的等效侧向刚度，当延性墙板采用混凝土墙板时，刚度应适当折减。

11. 钢框架结构的设计应符合的规定

梁柱连接可采用带悬臂梁段、翼缘焊接腹板螺栓接或者全焊接的连接形式，如图 8-3a~d 所示。抗震等级为一、二级时，梁与柱的连接宜采用加强型连接，如图 8-3c、d 所示。当有可靠依据时，也可采用端板螺栓连接的形式，如图 8-3e 所示。

钢柱的拼接可采用焊接或者螺栓拼接连接的形式如图 8-4 和图 8-5 所示。在可能出现塑性铰的区域，梁的上、下翼缘均应设侧向支撑，当钢梁上铺设装配整体式或者整体式楼板且有可靠连接时，上翼缘可不设侧向支撑。框架柱截面可采用异型组合截面，其设计要求应符合国家现行标准。

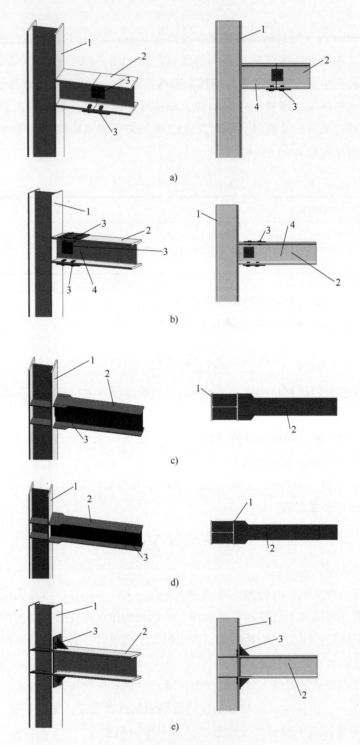

图 8-3 梁柱连接

a）带悬臂梁段的栓焊连接　b）带悬臂梁端的螺栓连接　c）梁翼缘局部加宽式连接

d）梁翼缘扩翼式连接　e）外伸式端板螺栓连接

1—柱　2—梁　3—高强度螺栓　4—悬臂段

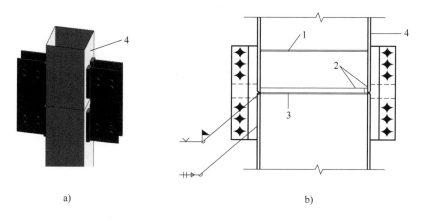

a)　　　　　　　　　　　　　　　　b)

图 8-4　箱型柱的焊接拼接连接

a）轴测图　b）侧视图

1—上柱隔板　2—焊接衬板　3—下柱顶端隔板　4—柱

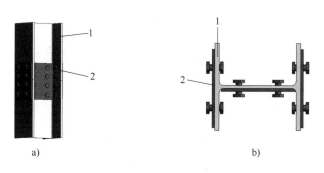

a)　　　　　　　　　　　b)

图 8-5　箱型柱的螺栓拼接连接

a）轴测图　b）俯视图

1—柱　2—高强度螺栓

12. 钢框架-支撑结构的设计应符合的规定

高层民用建筑钢结构的中心支撑宜采用十字交叉斜杆、单斜杆、人字形斜杆或者 V 形斜杆体系，不得采用 K 形斜杆体系。中心支撑斜杆的轴线应交汇于框架梁柱的轴线上，中心支撑类型如：十字交叉斜杆（见图 8-6a），单斜杆（见图 8-6b），人字形斜杆（见图 8-6c）。

偏心支撑框架中的支撑斜杆，应至少有一端与梁连接，并在支撑与梁和柱交点之间或者支撑同一跨内的另一支撑与梁交点之间形成消能梁段。偏心支撑框架立面图如图 8-7 所示。

抗震等级为四级时，支撑可采用拉杆设计，其长细比不应大于 180。此支撑应同时设不同倾斜方向的两组单斜杆，且每层不同倾斜方向的单斜杆的截面面积在水平方向的投影面积之差不得超过 10%。

当支撑翼缘朝向框架平面外，且采用支托式的连接方式时，其平面外的计算长度可取轴线长度的 0.7 倍，其连接方式如图 8-8a 和图 8-8b 所示。当支撑腹板位于框架平面内时，其平面外的计算长度可取轴线长度的 0.9 倍，其连接方式如图 8-8c 和图 8-8d 所示。

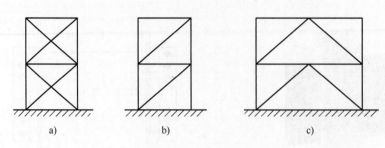

图 8-6 中心支撑类型

a）十字交叉斜杆 b）单斜杆 c）人字形斜杆

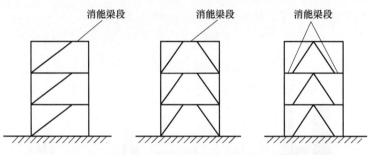

图 8-7 偏心支撑框架立面图

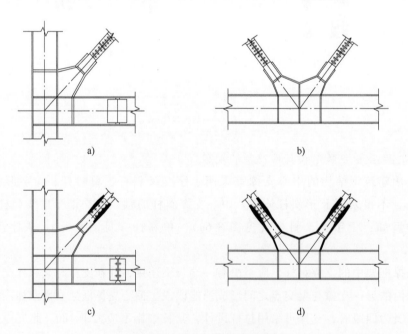

图 8-8 支撑与框架的连接

　　当支撑采用节点板的连接方式时，在支撑端部与节点板约束点连线之间应留有 2 倍节点板厚的间隙，节点板约束点连线应与支撑杆轴线垂直，且应进行支撑与节点板间的连接强度验算、节点板自身的强度与稳定性验算、连接板与梁柱间焊缝的强度验算。组合支撑杆件端部与单臂节点板的连接如图 8-9 所示。

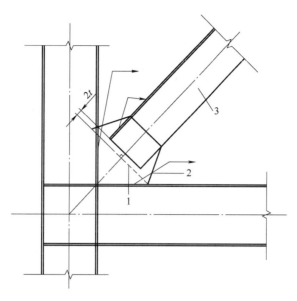

图 8-9　组合支撑杆件端部与单臂节点板的连接

1—约束点连线　2—单臂节点板　3—支撑杆　t—节点板的厚度

对于装配式钢结构，当消能梁段与支撑连接的下翼缘处无法设置侧向支撑时，应采取其他可靠措施保证连接处能够承受不小于梁段下翼缘轴向极限承载力 6% 的侧向集中力。

13. 钢框架-延性墙板结构的设计应符合的规定

内嵌竖缝的混凝土剪力墙的设计应符合《高层民用建筑钢结构技术规程》（JGJ 99—2015）的规定。当采用钢板剪力墙时，应考虑竖向荷载对钢板剪力墙性能的不利影响。当采用竖缝钢板剪力墙且房屋层数不超过 18 层时，可不考虑竖向荷载对竖缝钢板剪力墙性能的不利影响。

14. 交错桁架钢结构的设计应符合的规定

当横向框架榀数为奇数时，应控制层间刚度比；当横向框架榀数为偶数时，应控制水平荷载作用下的偏心影响。桁架可采用混合桁架和空腹桁架两种形式（图 8-10）。

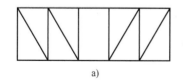 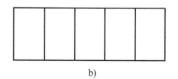

a)　　　　　　　　　　　　　　b)

图 8-10　桁架形式

a) 混合桁架　b) 空腹桁架

当底层局部无落地桁架时，应在底层对应轴线及相邻两侧处设置横向支撑，横向支撑不宜承受竖向荷载（图 8-11）。

交错桁架的纵向可采用钢框架结构、钢框架-支撑结构、钢框架-延性墙板结构或者其他

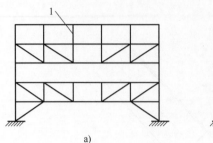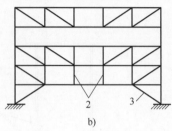

a)   b)

图 8-11 支撑做法

a）第二层设桁架时支撑做法 b）第三层设桁架时支撑做法

1—顶层立柱 2—二层吊杆 3—横向支撑

可靠的结构形式。

15. 装配式钢结构建筑构件之间的连接设计应符合的规定

抗震设计时，连接设计应符合构造要求，并且采用弹塑性设计方式，连接的极限承载力应大于构件的全塑性承载力；构件的连接宜采用螺栓连接，有需要时也可采用焊接；有可靠依据时，梁柱可采用全螺栓的半刚性连接，此时结构计算应考虑节点转动对刚度的影响。

16. 装配式钢结构的楼板应符合的规定

楼板可选用工业化程度高的压型钢板、钢筋桁架楼板、预制混凝土叠合楼板及预制预应力空心楼板等；楼板应与主体结构进行可靠连接，保证楼盖的整体牢固性；对于抗震设防烈度为 6 度、7 度的不超过 50m 的房屋，可采用装配式楼板（全预制楼板）或者其他轻型楼盖；但应设置水平支撑或采取有效措施保证预制楼板之间的可靠连接，以保证楼板的整体性；装配式钢结构可采用装配整体式楼板，但应适当降低表 8-4 中的最大高度。

17. 装配式钢结构的楼梯应符合的规定

装配式钢结构宜采用装配式混凝土楼梯或者钢楼梯，楼梯与主体结构宜采用不传递水平荷载作用的连接形式。

18. 地下室和基础应符合的规定

当建筑高度超过 50m 时，宜设置地下室；当采用天然地基时，其基础埋置深度不宜小于房屋总高度的 1/15；当采用桩基时，桩承台埋深不宜小于房屋总高度的 1/20。设置地下室时，竖向连续布置的支撑等抗侧力构件应延伸至基础。当地下室不少于两层且嵌固端在地下室顶板时，延伸至地下室底板的钢柱脚可采用铰接或者刚接的连接方式。

8.1.3 装配式木结构体系的一般规定

1. 装配式木结构的结构体系应符合的规定

装配式木结构建筑的结构体系应符合以下规定：应满足承载能力、刚度以及延性要求；结构应规则平整，在两个主轴方向的动力特性的比值不应大于 10%；应采取加强结构整体性的技术措施；应具有合理明确的传力路径；结构薄弱部位，应采取加强措施；应具有良好的抗震能力和变形能力。

2. 设计要求

装配式木结构建筑应采用以概率理论为基础的极限状态设计方法。设计基准期应为 50 年，结构安全等级应符合《建筑结构可靠性设计统一标准》（GB 50068—2018）的规定。构件的安全等级不应低于结构的安全等级。

3. 抗震设计

在进行抗震设计时，对于装配式纯木结构，在多遇地震验算时，结构的阻尼比可取 0.03，在罕遇地震验算时，结构的阻尼比可取为 0.05。对于装配式木混合结构，可按位能等效原则计算结构阻尼比。

4. 结构平面、竖向不规则的划分

结构平面不规则和竖向不规则应按表 8-7 的规定进行划分，并应符合以下规定：符合表 8-7 中任意一项的规则的结构为不规则结构；符合表 8-7 中两项或者两项以上规则的结构为特别不规则结构；符合表 8-7 中一项规则并且不规则定义指标超过规定的 30% 的结构为特别不规则结构；符合两项或者两项以上规则的结构类型，当结构符合第 3 项的规定时，为严重不规则结构。结构平面、竖向不规则的划分见表 8-7。

表 8-7　结构平面、竖向不规则的划分

序号	不规则方向	不规则结构类型	不规则定义
1	平面不规则	扭转不规则	在具有偶然偏心的水平力作用下，楼层两端抗侧力构件的弹性水平位移或者层间位移的最大值与平均值的比值大于 1.2 倍
2		凹凸不规则	结构平面凹进的尺寸大于相应投影方向总尺寸的 30%
3		楼板局部不连续	1. 有效楼板宽度小于该层楼板标准宽度的 50%； 2. 开洞面积大于该层楼面面积的 30%； 3. 楼层错层超过层高的 1/3
4	竖向不规则	侧向刚度不规则	1. 该层的侧向刚度小于相邻上一层的 70%； 2. 该层的侧向刚度小于其上相邻三个楼层侧向刚度平均值的 80%； 3. 除顶层或者出屋面的小建筑外，局部收进的水平尺寸大于相邻下一层的 25%； 4. 竖向抗侧力构件的内力采用水平转换构件向下传递
5		竖向抗侧力构件不连续	竖向抗侧力构件的内力采用水平转换构件向下传递
6		楼层承载力突变	抗侧力结构的层间受剪承载力小于相邻上一楼层的 80%

5. 竖向布置

竖向布置应连续、均匀，应避免抗侧力结构的侧向刚度和承载力发生竖向突变，并应满足《建筑抗震设计规范》的规定。

6. 结构设计

进行结构设计时，应采取因木材干缩、蠕变而产生的不均匀变形、受力偏心、应力集中的加强措施，并应采取由于不同材料的温度变化和基础差异沉降等产生不利影响的措施。

7. 木组件设计

木组件的拆分应按内力分析结果，同时结合生产、运输和安装条件确定。预制组件应进行运输、吊运、安装等短暂设计状况下的施工验算。验算时，应将木组件自重标准值乘以动力放大系数后作为等效静力荷载标准值。运输、吊装的动力放大系数宜取为 1.5，翻转及安装过程中就位、临时固定的动力放大系数可取为 1.2。进行木组件设计时，应进行吊点和吊环的设计。

8. 结构形式

当结构形式采用框架支撑结构或者框架剪力墙结构时，不应采用单跨框架体系。

■ 8.2 作用结构的验算

应对预制构件进行翻转、吊运、安装等短暂设计状况的施工验算，应将构件自重标准值乘以动力系数后作为等效静力荷载标准值。构件运输、吊运时，动力系数宜取 1.5；构件翻转及安装过程中就位、临时固定时，动力系数可取为 1.2。

预制构件进行脱模验算时，等效静力荷载标准值应取构件自重标准值乘以动力系数，加上脱模吸附力的数值，且该数值不宜小于构件自重标准值的 1.5 倍。

动力系数与脱模吸附力应符合以下规定：

1）动力系数不宜小于 1.2。

2）脱模吸附力应根据构件和模具的实际状况取用，且不宜小于 $1.5kN/m^2$。

■ 8.3 结构计算与分析

1. 装配式混凝土结构分析

1）装配整体式结构可采用与现浇混凝土结构相同的方法进行结构分析。当考虑地震工况时，当同一层内既有预制又有现浇的抗侧力构件时，宜对现浇抗侧力构件的弯矩和剪力进行适当放大。

2）在进行装配整体式结构承载能力极限状态以及正常使用极限状态的作用效应进行分析时，可采用弹性分析方法。按弹性方法计算得到的风荷载或多遇地震标准值作用下的楼层层间最大位移 δu 与层高 h 之比的限值宜按表 8-8 采用。楼层层间最大位移与层高之比的限值见表 8-8。

表 8-8 楼层层间最大位移与层高之比的限值

结构类型	$\delta u/h$ 限值
装配整体式框架结构	1/550
装配整体式框架-现浇剪力墙结构	1/800
装配整体式剪力墙结构、装配整体式部分框支剪力墙结构	1/1000
多层装配式剪力墙结构	1/1200

3）在进行结构内力与位移计算时，对现浇楼盖和叠合楼盖均可假定楼盖在其自身平面内为无限刚性；楼面梁的刚度可计入翼缘作用；梁刚度增大系数可根据翼缘情况近似取为

1. 3~2. 0。

2. 装配式木结构分析

1）按项目特点确定结构体系，所定体系应符合组件拆分的便利性、重复性以及运输和吊装的可行性原则。结构分析模型应按结构实际情况确定，可选择空间杆系、空间杆-墙板、其他组合有限元等的计算模型。所选取的计算模型应能准确反映构件的实际受力状态，假定的连接形式应符合实际采用的连接形式。体型或结构布置复杂以及特别不规则的结构和严重不规则结构的多层装配式木结构，应采用至少两个不同的结构分析软件进行整体计算。

2）结构内力计算可采用弹性分析方法。在进行内力与位移计算时，如果采取了楼板平面内整体刚度的保证措施，可假定楼板平面为无限刚性进行计算；当楼板具有较明显的面内变形，计算时应考虑楼板面内变形的影响，或者适当调整按楼板无限刚性计算得出的结果。

3）风荷载或多遇地震标准值作用下，按弹性计算方法得出的楼层层间位移角应符合以下规定：轻型木结构层间位移角不得大于 1/250；多高层木结构层间位移角不得大于 1/350；轻型木结构和多高层木结构的弹塑性层间位移角不得大于 1/50。

4）装配式木结构中的抗侧力构件承受的剪力，对于柔性楼盖、屋盖，宜按面积分配法进行分配；对于刚性楼、屋盖，宜按抗侧力构件等效刚度的比例进行分配。

■ 8.4　结构体系的选择

建筑的高度和空间布局往往受限于建筑的功能要求，不同的建筑高度和空间布局对应于某种适宜的结构体系，因此工业化建筑应根据建筑的功能选择合适的装配式建筑体系。常用的公共装配整体式建筑和住宅装配式工业化建筑对应的装配整体式结构体系见表 8-9。

表 8-9　常用的装配式结构体系

装配式建筑	装配式结构体系
教学楼、办公楼、酒店、医院、宿舍等	装配整体式框架结构、装配整体式框架-现浇剪力墙结构
体育馆、图书馆、车库等	装配整体式框架结构、内浇外挂结构体系
商品住宅、保障性住房等	装配整体框架结构、装配整体式框架-现浇剪力墙结构、内浇外挂结构体系

 知识归纳

1. 装配式钢结构建筑的结构设计使用年限不应少于 50 年，其安全等级不应低于二级。

2. 装配式木结构的设计基准期应为 50 年。

3. 预制构件短暂设计状况下的施工验算，应将构件自重标准值乘以动力系数后作为等效静力荷载标准值。

4. 构件运输、吊运时，动力放大系数宜取为 1.5；构件翻转及安装过程中就位、临时固定时，动力放大系数可取为 1.2。

5. 预制构件进行脱模验算时，等效静力荷载标准值应取构件自重标准值乘以动力系数，加上脱模吸附力的数值，且该数值不宜小于构件自重标准值的 1.5 倍。

1. 简述装配整体式混凝土不同结构房屋的最大适用高度和不同结构体系的选择适用性。
2. 请小组讨论，若层高一定，楼层层间最大位移与层高之比超限应该怎么办？
3. 请查阅相关资料，思考并以小组讨论结构分析对结构设计有什么意义。

第9章 装配式结构设计

【本章目标】

1. 明确方案设计思路，了解确定装配式方案方法。

2. 了解结构计算，进行相关指标统计及验算，理解装配式设计相关计算的要求。

3. 了解深化设计方式、复杂节点钢筋避让方式、预留预埋方式、钢筋碰撞检查等，掌握生成构件详图方法。

4. 认识施工图出图及报审文件生成方式。

【重点、难点】

本章的重点在于方案设计、深化设计这两小节中，方案设计作为装配式结构设计中最关键的环节，若方案阶段考虑不周全，则后续施工将产生较大麻烦，故需格外重视方案设计。深化设计介于施工图设计与生产、施工之间，为承上启下的一个重要环节，需要我们重点关注并学习。

本章的难点在于理解深化设计阶段中的各项参数的设计与选取，明确相关技术理论，以便更好地把握其设计和施工过程。

■ 9.1 方案设计

本章节结合某装配式建筑工程的结构设计部分，以 PKPM 结构设计软件为例，其具体实施如下：首先进行 PKPM 建模，与传统方法一致，然后导入 PKPM-PC 软件中，接着确定工程预制率，进行工艺原则确定，进行拆分方案的初设及优化，之后进行装配式整体计算，生成施工图，最后进行深化设计。

在构件拆分设计阶段，协调好建设、设计、生产、施工等各方关系，并且加强建筑、结构、设备等各专业之间的配合。一些设计、生产、施工问题如设备预埋、模具摊销、构件吊装、构件运输等也需在前期方案设计就进行综合考虑。

本章主要以叠合梁、叠合板、预制柱为例介绍确定装配式方案，并计算相应预制率，使读者了解装配式设计原理及制定装配式方案方法。

9.1.1　预制构件拆分及调整

1. 确定叠合板拆分方案

启动程序 PKPM-BIM，程序启动界面如图 9-1 所示。在"启动环境"下拉菜单中选择"装配式设计"选项，新建一个项目，命名为"框架"。

选择好项目路径，单击"确定"按钮进入程序操作界面，启动环境界面如图 9-2 所示。

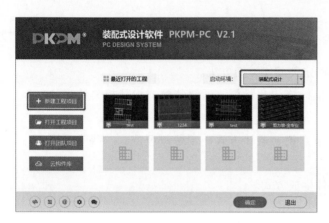

图 9-1　程序启动界面

图 9-2　启动环境界面

接下来进行相应的模型建立。在模型建立里面有多种方式，这里采用直接导入模型的方式。程序操作界面如图 9-3 所示。

图 9-3　程序操作界面

导入完成后开始装配式设计。

2. 预制叠合板指定

预制板选定时，应尽量选择标准化程度高的板型，避免不规则板、设备管线复杂部位。

本项目指"1. 叠合板拆分方案确定"中的名为"框架"的新建项目以标准层 2 为例进行设计。可通过单击"方案设计→预制属性的指定→预制板"命令指定参数，构件指定参数如图 9-4 所示。

图 9-4 构件指定参数

单击点选或框选板，将选定区域指定为预制叠合板。在软件中，指定叠合板区域后，选定区域板的颜色会发生变化（图 9-5）。

单击全楼模型，与"标准层 2"关联的自然层 2~自然层 5 随之完成指定。

3. 预制叠合板拆分

在叠合板拆分时，应尽量拆分板块一致，根据板的特征进行拆分、分类和排序，方便叠合板在生产车间内的预制，并且避免在弯矩较大处预留板拼缝位置。在软件中，可通过指定模数化、等分两种方式实现叠合板拆分模数化。

该项目采用单向叠合板，预制板板厚为 60mm，混凝土强度同主体结构。根据板尺寸情况，初选模数为 25dm。具体参数可在"方案设计→楼板拆分设计→板拆分对话框"中进行设计。叠合板拆分参数设置如图 9-6 所示。

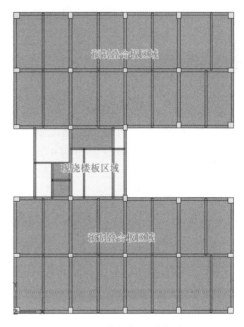

图 9-5 叠合板区域指定

提示：板的拆分方式有两种，等分和模数化。可通过单击点取每一行菜单空白处进行切换。

拆分方式如下：

1）等分。等分方式分为"等分数"和"限值等宽"。"等分数"根据输入的等分数量，把板均分成叠合板。当为双向板时，会通过控制板间距使得板类型最少；"限值等宽"根据板排布参数——宽度限值，确定拆分宽度，取划分块数最少的等宽度板。

2）模数化。根据板排布参数——模数，确定拆分模数，程序会根据该模数值进行排布；当出现不满足模数的情况时，会根据剩余尺寸、模数板之和与板最大拆分尺寸进行比较，当其小于最大拆分尺寸时，会取该和为最后板宽；当大于最大拆分尺寸时，会拆分为一块模数板、一块非标准板。

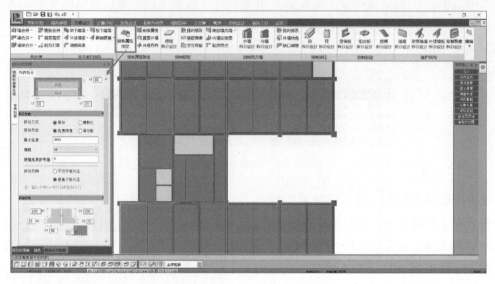

图 9-6　叠合板拆分参数设置

参数设定完毕后，可单击点选或框选进行拆分，在图示中，会给出对应板拆分尺寸及布置方向。叠合板拆分尺寸设置如图 9-7 所示，拆分结果如图 9-8 所示。

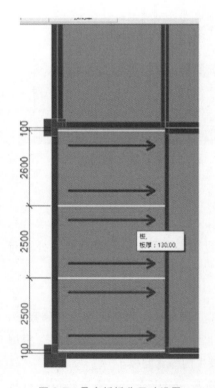

图 9-7　叠合板拆分尺寸设置

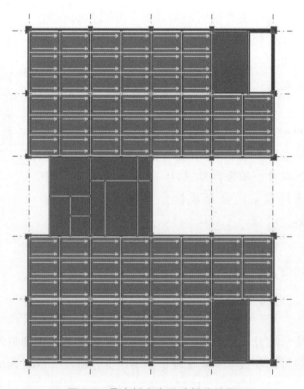

图 9-8　叠合板方案设计拆分结果

9.1.2　预制梁、柱方案确定

1. 预制梁指定

单击选择"方案设计→预制属性的指定→预制梁"命令，弹出"预制属性指定"对话框，如图 9-9 所示。该项目中，板厚为 130mm，叠合梁现浇部分高度取为 130mm，键槽面积比根据经验暂取为 0.4。

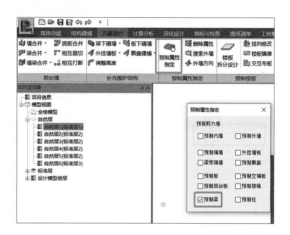

图 9-9　梁的预制属性指定

通过单击鼠标点选或框选可选定要进行预制的构件，选中后，梁的颜色变透明。最终确定的预制梁如图 9-10 所示。

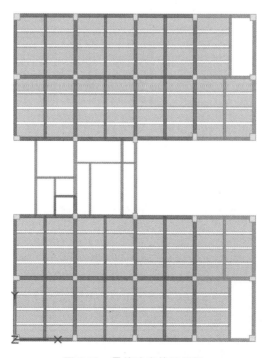

图 9-10　最终确定的预制梁

在指定预制属性后，可在标准层 2 进行"方案设计→梁拆分设计"操作，以完成梁的拆分。

2. 预制柱指定

预制柱指定方式同叠合梁，可通过单击点选或框选确定预制构件，点选后柱子的颜色变透明色。预制柱方案如图 9-11 所示。

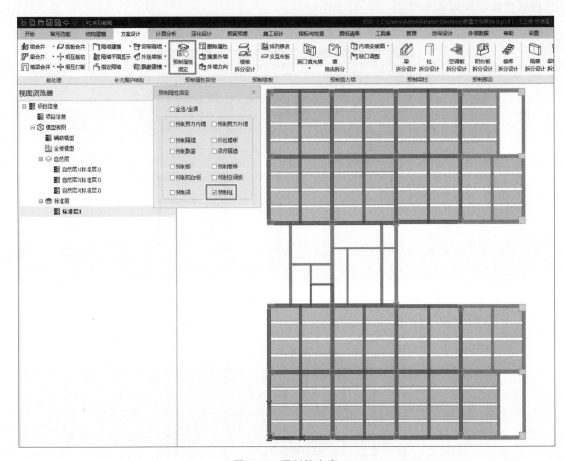

图 9-11　预制柱方案

9.1.3　交互布置补充构件

在方案阶段，可粗略布置楼梯等构件，以便统计预制率。以标准层 2 为例，布置预制楼梯。

单击选择"结构建模→构件布置板块→楼梯布置"命令，选定布置位置选定可进行相关参数设置，楼梯布置参数如图 9-12 所示。

9.1.4　模型同步及调整

在标准层完成基本的预制构件布置及拆分，选择"工具集→预制构件复制→标准层同步"命令，进行自然层拆分方案同步，标准层复制如图 9-13 所示。

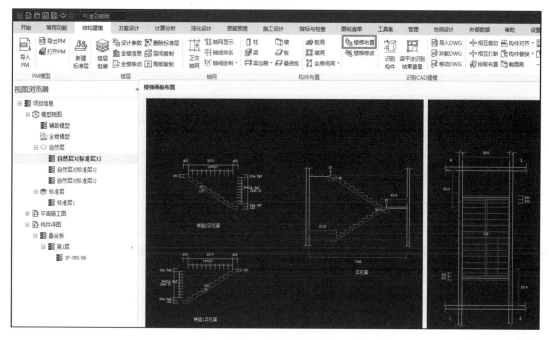

图 9-12　楼梯布置参数

图 9-13　标准层复制

提示．施工图辅助菜单含义如下：

1）构件复制。根据提示选择被复制构件，再选择对应构件，右击确定后可完成构件复制。此处只能复制同样尺寸的构件。

2）标准层复制。选择需要复制标准层及要进行复制的自然层，确认后即可完成复制。

3）楼层复制。选择需要复制源自然层及要进行复制的自然层，确认后即可完成复制。

4）标准层同步。选择后，会自动把各标准层对应的自然层进行同步复制，此处不可选择要复制的标准层及自然层。

通过标准层同步，可把标准层 2 的梁板拆分同步到对应自然层。在全楼模式下，可对柱进行拆分。

由于顶层板不进行预制，故在自然层 5 删除叠合板预制属性。可通过单击选择“方案设计→删除属性→勾选预制板属性”命令来框选所删除位置实现。

9.1.5　方案预制率统计

在基本方案确定之后，可通过单击选择"指标与检查→指标统计→预制率"命令，粗算本项目预制率。预制率统计菜单如图 9-14 所示，预制率统计结果如图 9-15 所示。

图 9-14　预制率统计菜单

层号	层数	预制混凝土									现浇混凝土						
		预制内墙	预制外墙	外挂墙板	叠合梁	叠合板	预制柱	预制阳台板	预制空调板	预制楼梯	墙	梁	板	柱	阳台板	空调板	楼梯板
1层	1	0.00	0.00	0.00	0.00	0.00	0.00	0.00	0.00	0.00	0.00	118.64	116.78	64.80	0.00	0.00	0.00
2层	1	0.00	0.00	0.00	66.01	48.33	39.61	0.00	0.00	6.06	0.00	52.79	66.19	25.19	0.00	0.00	0.00
3层	1	0.00	0.00	0.00	66.01	48.33	39.61	0.00	0.00	6.06	0.00	52.79	66.19	25.19	0.00	0.00	0.00
4层	1	0.00	0.00	0.00	66.01	48.33	39.61	0.00	0.00	6.06	0.00	52.79	66.19	25.19	0.00	0.00	0.00
5层	1	0.00	0.00	0.00	66.01	48.33	39.61	0.00	0.00	6.06	0.00	52.79	66.19	25.19	0.00	0.00	0.00
6层	1	0.00	0.00	0.00	0.00	0.00	8.00	0.00	0.00	0.00	0.00	19.35	14.11	11.09	0.00	0.00	0.00
合计		0.00	0.00	0.00	264.04	193.33	158.46	0.00	0.00	24.25	0.00	349.15	395.65	176.63	0.00	0.00	0.00

预制率统计汇总表（项目：框架0）

预制率计算	预制混凝土体积(m^3)	混凝土总体积(m^3)	调整系数	预制率(%)	指标要求(%)	是否满足
	640.07	1561.50	1.00	41.0	40.00	满足！

图 9-15　预制率统计结果

■ 9.2　整体计算

本节主要介绍在方案确定后，再次进行结构计算，进行相关指标统计及验算，从而满足装配式设计相关计算要求。

9.2.1　接力计算

在预制构件指定完毕后，须进行接力计算，进行现浇部分、预制部分承担的规定水平力地震剪力百分比统计，叠合梁纵向抗剪计算、梁端竖向接缝受剪承载力计算、预制柱底水平连接缝受剪承载力计算。

单击选择"计算分析→结构分析→计算分析"命令，可以直接由 PKPM 结构计算软件进行接力计算。具体参数同结构计算参数。

在接力计算时，可以根据项目情况采用自然层形成标准层或者直接按照标准层进行计算。接力计算如图 9-16 所示。

对于预制构件，在构件上会有 PC 字

图 9-16　接力计算

样，以进行区别。PMCAD 模型如图 9-17 所示。

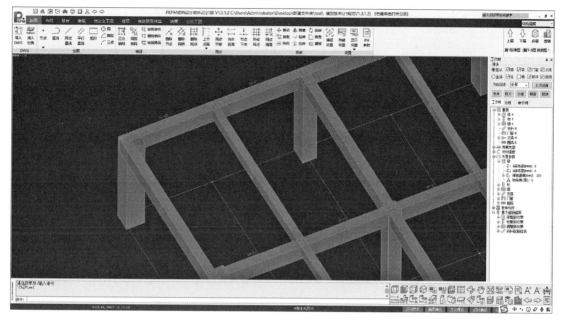

图 9-17　PMCAD 模型

9.2.2　参数设置及计算

在 PKPM 结构设计软件中，切换模块至 "SATWE 分析设计→参数定义"，根据项目情况，在原有按现浇设计计算的基础上，修改以下参数：

在总信息中，将"结构体系"选为"装配整体式框架结构"选项，确定后进行分析模型及计算，选择"生成数据+全部计算"命令，完成该项目计算。

计算完成后，可以在 PKPM 结构设计软件中查看计算结果，包括模型简图、分析结果、设计结果、文本结果等相关内容。在整体指标方面，由于在结构设计阶段已经满足周期比、位移比、刚度比等常规技术指标，故在此阶段注意在规定水平力作用下控制现浇与预制构件承担的底部总剪力比例。预制构件承担剪力百分比如图 9-18 所示（《装配式混凝土结构技术规程》的规定）。

在配筋过程中，需要满足预制梁端竖向接缝的受剪承载力计算、预制柱底水平连接缝的受剪承载力计算、预制剪力墙水平接缝的受剪承载力计算。在 SATWE 计算结果中可进行查看。

对于该项目，在"计算结果-配筋"中，可查看配筋值。根据规范要求反算的接缝处的配筋值，会以"PC"样式在预制构件基本配筋信息下方显示。在实配钢筋时，除满足正常配筋要求外，还需满足此处要求。

以梁为例，PC26-26 为该梁柱接缝处全截面配筋值应大于 $26\mathrm{dm}^2$。预制梁配筋结果如图 9-19 所示，结果文本显示如图 9-20 所示。

具体解释及核算过程可参照《PKPM-PC 用户手册与技术条件》。

层号	塔号		预制柱	现浇柱	预制墙	现浇墙	总剪力
6	1	X	0.0	107.1	0.0	0.0	107.1
		Y	0.0	108.0	0.0	0.0	108.0
5	1	X	831.2	557.4	0.0	0.0	1388.5
		Y	778.6	559.8	0.0	0.0	1338.4
4	1	X	1449.5	988.1	0.0	0.0	2437.7
		Y	1394.2	965.8	0.0	0.0	2360.0
3	1	X	1940.4	1315.7	0.0	0.0	3256.1
		Y	1869.2	1287.6	0.0	0.0	3156.9
2	1	X	2271.8	1535.2	0.0	0.0	3807.1
		Y	2189.8	1505.8	0.0	0.0	3695.6
1	1	X	2482.0	1568.1	0.0	0.0	4050.0
		Y	2421.1	1512.5	0.0	0.0	3933.6

*** 装配整体式结构框架柱、剪力墙地震剪力百分比 ***

层号	塔号		预制柱	现浇柱	预制墙	现浇墙
6	1	X	0.00%	100.00%	0.00%	0.00%
		Y	0.00%	100.00%	0.00%	0.00%
5	1	X	59.86%	40.14%	0.00%	0.00%
		Y	58.18%	41.82%	0.00%	0.00%
4	1	X	59.46%	40.54%	0.00%	0.00%
		Y	59.08%	40.92%	0.00%	0.00%
3	1	X	59.59%	40.41%	0.00%	0.00%
		Y	59.21%	40.79%	0.00%	0.00%
2	1	X	59.67%	40.33%	0.00%	0.00%
		Y	59	40.75%	0.00%	0.00%
1	1	X	61	38.72%	0.00%	0.00%
		Y	61.55%	38.45%	0.00%	0.00%

图 9-18　预制构件承担剪力百分比

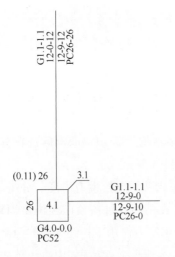

图 9-19　预制梁配筋结果

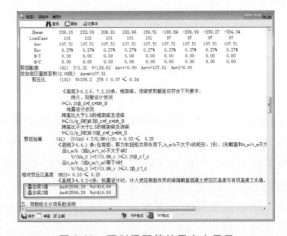

图 9-20　预制梁配筋结果文本显示

■ 9.3　深化设计

在装配式结构设计中，比传统现浇结构设计多了一道设计流程：深化设计。构件深化设计包括了构件的拆分设计、拼装连接设计、加工深化设计，是装配式建筑设计的关键环节。

本节主要介绍叠合板、叠合梁、预制柱深化设计方式，复杂节点钢筋避让方式，预留预埋方式，钢筋碰撞检查等，以达到生成构件详图的目的。深化设计过程中对构件间钢筋碰撞进行检查、调整，并对各构件的脱模和吊装进行验算，最终出具构件的加工图，指导构件的加工制作。

9.3.1　预制构件深化设计

1. 叠合板深化设计

对于叠合板，当大部分构件需要修改搭接到周边梁或墙上长度、钢筋伸出长度、板接缝长度、双向板钢筋伸出长度、板接缝类型等，可单击选择"深化设计→预制楼板→楼板配筋"命令进行修改，板配筋设计对话框如图 9-21 所示。

图 9-21　板配筋设计对话框

在参数设置完毕后，再框选进行配筋，可形成相应板块，单块叠合板显示如图 9-22 所示。

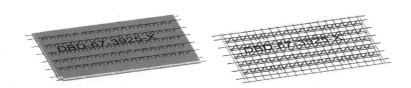

图 9-22　单块叠合板显示

提示：在查看构件时，可通过面板下方功能栏修改钢筋显示情况。当选择"精细显示"时，可显示混凝土块及钢筋，并显示钢筋实际粗细；当选择"钢筋精细"时，可只显示钢筋，混凝土块以线框模式显示，钢筋精细显示选择界面如图 9-23 所示。

2. 叠合梁、预制柱深化设计

单击选择"深化设计→预制梁柱→梁配筋设计"命令，指定梁柱具体配筋参数，梁配筋设计对话框如图 9-24 所示。

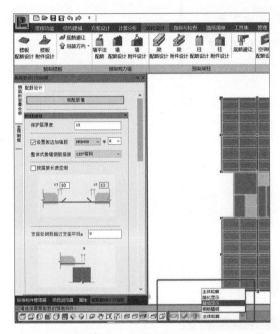

图 9-23 钢筋精细显示选择界面

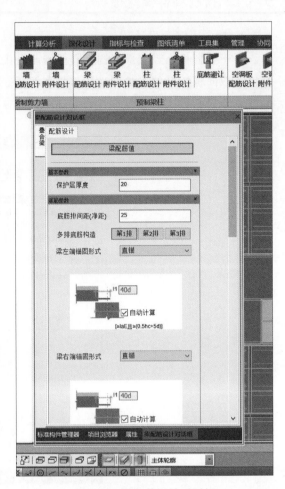

图 9-24 梁配筋设计对话框

　　根据《装配式混凝土结构技术规程》（JGJ 1—2014）：装配整体式框架结构中，当采用叠合梁时，框架梁的后浇混凝土叠合层厚度不宜小于 150mm，当采用凹口截面预制梁，凹口深度不宜小于 50mm。本项目中板厚为 130mm，梁叠合类型选为凹口截面叠合梁，凹槽深度选为 50mm。叠合梁显示如图 9-25 所示。

　　该项目采用免外模叠合梁，对于边梁需要选择外封边，并设置封边厚度 60mm。根据拆分原则，主次梁搭接形式采用"预留凹槽"形式。键槽可按默认形式进行设置。对于配筋：根据《装配式混凝土建筑技术标准》（GB/T 51231—2016）规定，抗震等级为一、二级的叠合框架梁的梁端箍筋加密区宜采用整体封闭箍筋。本项目梁抗震等级为二级，在"深化设计→拆分设计"梁参数设计中，对于边梁，梁箍筋形式

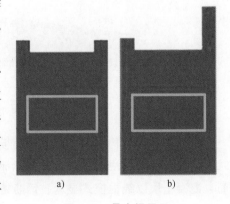

图 9-25 叠合梁显示
a）凹口截面叠合梁　b）带封边叠合梁

采用传统箍，对于中梁，梁箍筋形式采用"非加密区开口"，箍筋最大肢数采用 3 肢箍，根据计算结果采用箍筋直径。柱参数在本阶段可按照默认参数设置。参数设定完毕后，可框选本层构件，完成梁柱拆分。梁柱拆分配筋图如图 9-26 所示。

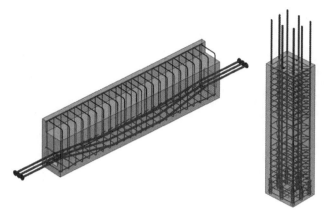

图 9-26　梁柱拆分配筋图

3. 梁柱节点避让

在梁柱节点处，因考虑施工因素需考虑梁间节点避让。在 PKPM-PC 中，提供多种梁节点避让形式。梁柱节点避让参数如图 9-27 所示。

以某 L 节点为例。可以将 Y 向构件竖向避让方式选择为"纵筋弯折"，竖向避让距离为 60cm，水平避让方式为"不避让"，再单击鼠标点选该处梁。Y 向梁底筋可在距叠合梁端处，根据避让距离按 1∶6 自动起坡，形成弯折，以完成钢筋避让。钢筋 L 节点避让如图 9-28 所示。

以某 T 节点为例。可将 Y 向梁竖向避让方式选择为"纵筋弯折"，竖向避让距离为 60cm，水平避让方式为"不避让"；X 向梁竖向避让方式为"不避让"，水平避让方式为"外露纵筋弯折"，并设置水平避让距离为 60cm，再框选该 T 节点。Y 向梁底筋可在距叠合梁端处，根据避让距离按 1∶6 自动起坡，形成弯折；X 向梁底筋可向相反方向根据避让距离弯折，即可完成钢筋避让。钢筋 T 节点避让如图 9-29 所示。

此外，可直接双击，选择对应的梁，即可对梁配筋根数、端头形式、弯折方向等进行细部调整，直至满足节点避让要求。梁装配单元参数修改界面如图 9-30 所示。

图 9-27　梁柱节点避让参数

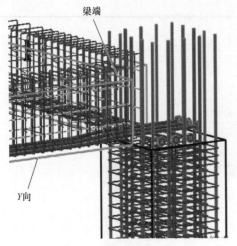

图 9-28　钢筋 L 节点避让

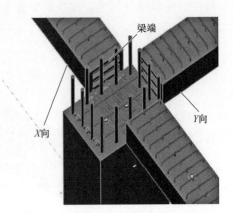

图 9-29　钢筋 T 节点避让

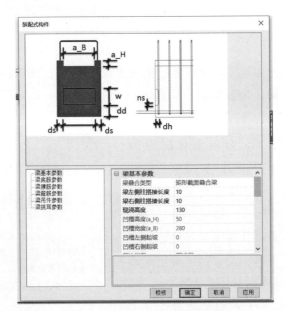

图 9-30　梁装配单元参数修改界面

4. 标准层同步、楼层同步

修改完成后，单击选择"工具集→楼层复制"命令，把配筋结果复制到其他层，预制构件复制菜单如图 9-31 所示。

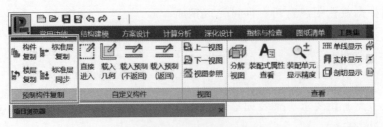

图 9-31　预制构件复制菜单

单击选择"项目浏览器-全楼模型"命令，可查看全楼构件的布置情况，全楼深化模型如图 9-32 所示。

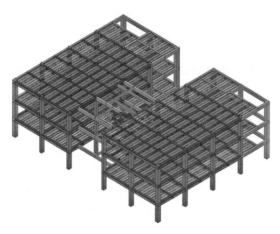

图 9-32　全楼深化模型

9.3.2　预留预埋布置

1. 获取机电专业信息模型

在"协同设计"选项卡单击选择"远程数据管理→下载全专业最新模型"命令。协同获取全专业模型如图 9-33 所示，全专业模型如图 9-34 所示。

图 9-33　协同获取全专业模型

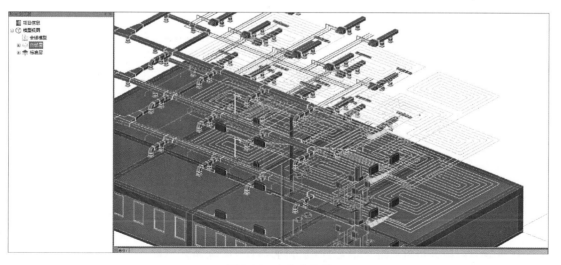

图 9-34　全专业模型

2. 设备提资预留预埋

在"协同设计"选项卡单击选择"设备提资→设备洞口检查"命令，可选择要检查的楼层、设备及要预留洞口的结构构件。此外，根据机电要求进行套管预留、洞口与管间距预留等，设备洞口检查菜单界面如图 9-35 所示，自动开洞对话框如图 9-36 所示。

图 9-35　设备洞口检查菜单界面

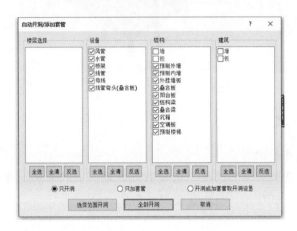

图 9-36　自动开洞对话框

单击"全部开洞"按钮后，程序将在模型中自动搜索需要预留所示的孔洞位置。单击选择"设备提资→预制构件开洞"命令，可弹出预制洞口对话框，预制洞口设置如图 9-37 所示。选择某一项时，可自动跳转到对应位置进行查看。当选择生成洞口后，预制构件上自动生成相应洞口。以叠合板为例，预制洞口生成如图 9-38 所示。

图 9-37　预制洞口设置

电气线管、线盒也可通过单击选择"协同设计→设备提资→设备预埋件检查"和"协同设计→设备提资→预制埋件生成"命令来完成预埋。方法同洞口预留，本书不做介绍。通过此种方式，可精确定位设备提资位置，满足构件精细化设计的要求。

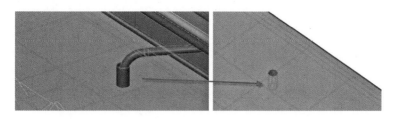

图 9-38　预制洞口生成

3. 手工布置预留预埋

当部分预留预埋需要单独布置时，可通过单击选择"深化设计→预留预埋布置"命令完成，附件布置如图 9-39 所示。此处附件均选自附件库，当需要扩充时，可直接在构件库中增加，布置时选取即可。

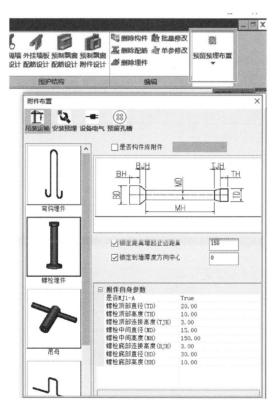

图 9-39　附件布置

9.3.3　构件校核

在调整预留及预埋后，还可进行精细化构件校核。以叠合板为例。单击选择"指标与检查→检查→验算参数设置"命令，可设置各类构件验算基本参数。设置完毕后，可选择最不利构件进行验算。以叠合板为例，双击选择对应叠合板，选择"校核"功能，并生成相应校核计算书。板校核计算书如图 9-40 所示。具体校核公式及依据可参照《PKPM-PC 用户手册与技术条件》。

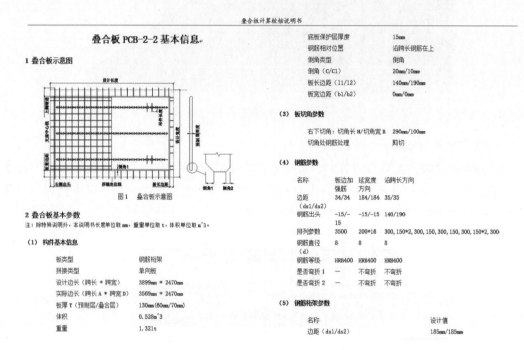

图 9-40　板校核计算书

在钢筋避让调整、构件预留预埋、构件校核过程中，可随时使用"指标与检查→碰撞检查"命令定位钢筋碰撞位置。钢筋碰撞检查参数设置如图 9-41 所示。钢筋碰撞检查结果如图 9-42 所示。在检查报告中双击即可在模型中定位具体位置，方便进行调整。

图 9-41　钢筋碰撞检查参数设置

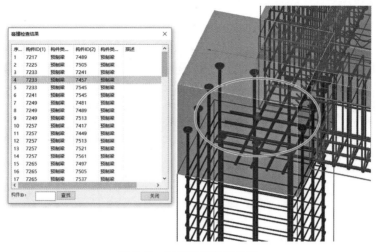

图 9-42　钢筋碰撞检查结果

■ 9.4　施工图出图及报审文件生成

本节主要介绍装配式项目施工图、计算书需要输出内容及生成方式，以满足报审要求。

9.4.1　施工图出图

单击选择"图纸清单→图纸配置"命令，在弹出的"图纸参数配置"对话框中设置符合本项目要求的参数，"图纸参数配置"对话框如图 9-43 所示。

图 9-43　"图纸参数配置"对话框

当相应配置完成后，可单击选择"图纸生成→平面图生成"命令进行出图。生成施工图列表如图 9-44 所示，生成施工图如图 9-45 所示。

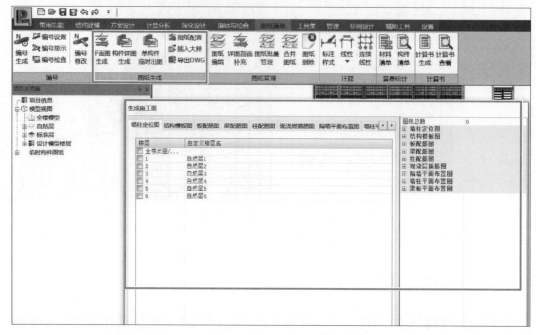

图 9-44　生成施工图列表

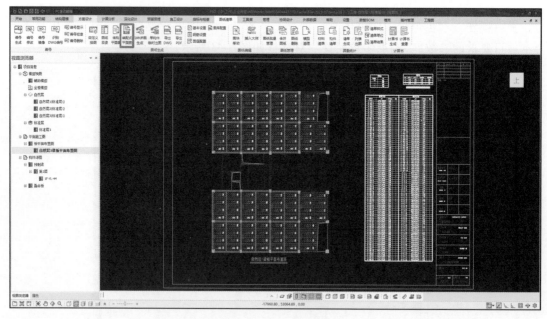

图 9-45　生成施工图

1. 生成构件详图

在构件调整完毕后，可在面板右侧常用命令中选择"单构件出图"命令，然后单击对应构件进行出图。叠合板详图如图 9-46 所示，叠合梁构件详图如图 9-47 所示。

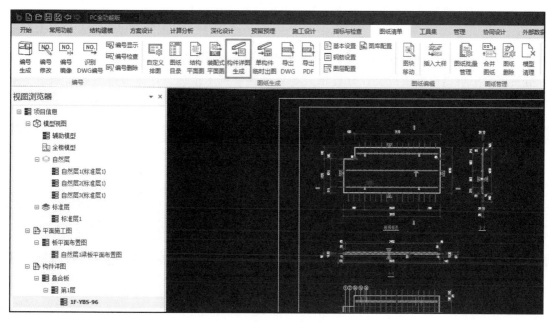

图 9-46 叠合板详图

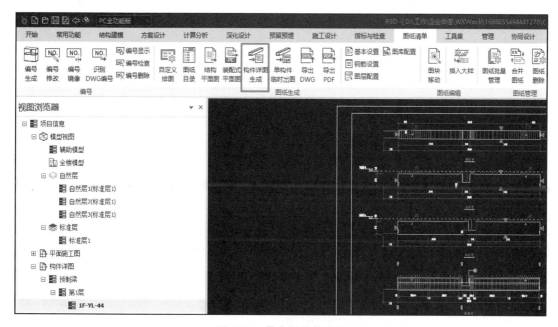

图 9-47 叠合梁构件详图

2. 构件详图调整及补充

在构件详图生成后,可转为 DWG 图做进一步修改,满足相关单位出图要求。

9.4.2 报审计算书

目前,装配整体式结构设计方法等同于现浇结构进行设计,因此在计算书整理时分为两部分:第一部分按照传统现浇结构生成相应技术指标、结构布置简图、荷载简图以及配筋简图等内容；第二部分结合装配式建筑特点生成相应统计指标及清单。

1. 结构计算书

（1）计算参数（全局指标汇总）及各子项指标　在 PKPM 结构设计软件的 SATWE 设计分析模块中可以输出结构设计分析相关参数及各项技术指标，计算书输出界面如图 9-48 所示。

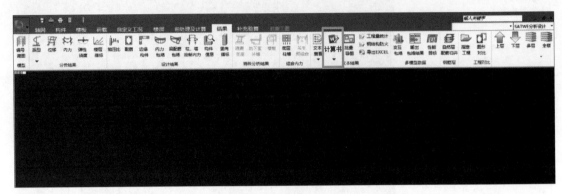

图 9-48　计算书输出界面

在结构设计软件中可通过"计算书"分项输出各项结果，结构计算书目录如图 9-49 所示。

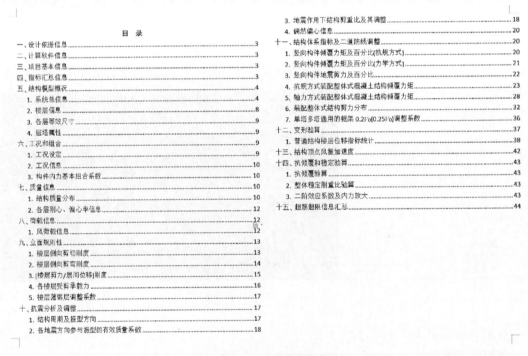

目录

一、设计依据信息 3
二、计算软件信息 3
三、项目基本信息 3
四、指标汇总信息 3
五、结构模型概况 4
　1. 系统总信息 4
　2. 楼层信息 8
　3. 各层等效尺寸 9
　4. 层塔属性 9
六、工况和组合 9
　1. 工况设定 9
　2. 工况信息 10
　3. 构件内力基本组合系数 10
七、质量信息 10
　1. 结构质量分布 10
　2. 各层刚心、偏心率信息 12
八、荷载信息 12
　1. 风荷载信息 12
九、立面规则性 13
　1. 楼层侧向剪切刚度 13
　2. 楼层侧向剪弯刚度 14
　3. (楼层剪力/层间位移)刚度 15
　4. 各楼层受剪承载力 16
　5. 楼层薄弱层调整系数 17
十、抗震分析及调整 17
　1. 结构周期及振型方向 17
　2. 各地震方向参与振型的有效质量系数 18

　3. 地震作用下结构剪重比及其调整 18
　4. 偶然偏心信息 20
十一、结构体系指标及二道防线调整 20
　1. 竖向构件倾覆力矩及百分比(抗规方式) 20
　2. 竖向构件倾覆力矩及百分比(力学方式) 21
　3. 竖向构件地震剪力及百分比 22
　4. 抗规方式装配整体式混凝土结构倾覆力矩 23
　5. 轴力方式装配整体式混凝土结构倾覆力矩 28
　6. 装配整体式结构剪力分布 32
　7. 单塔多塔通用的框架 0.2V0(0.25V0)调整系数 36
十二、变形验算 37
　1. 普通结构楼层位移指标统计 38
十三、结构顶点风振加速度 42
十四、抗倾覆和稳定验算 43
　1. 抗倾覆验算 43
　2. 整体稳定刚重比验算 43
　3. 二阶效应系数及内力放大 43
十五、超筋超限信息汇总 44

图 9-49　结构计算书目录

（2）结构布置简图　在 PKPM 结构设计软件的 SATWE 设计分析模块中，可以输出带有构件编号的结构布置简图，结构布置简图如图 9-50 所示。

（3）荷载简图　在 PKPM 结构设计软件的 SATWE 设计分析模块中，可以输出表示恒荷载、活荷载的布置简图。荷载布置简图如图 9-51 所示。

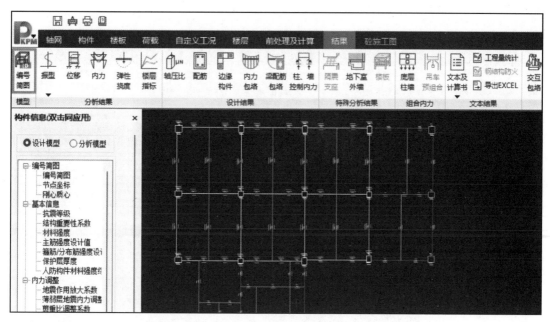

图 9-50　结构布置简图

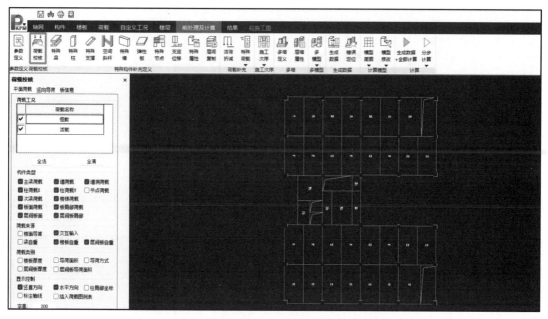

图 9-51　荷载布置简图

（4）配筋简图　在 PKPM 结构设计软件的 SATWE 设计分析模块中，可以输出各类构件的计算配筋简图。配筋简图如图 9-52 所示。

2. 装配式计算书

关于装配式计算书，应包含预制率统计表、预制构件清单、材料统计表、构件施工阶段验算。单击选择"图纸清单→计算书生成"命令，单击"输出计算书"按钮，可把计算书类型输出。计算书输出如图 9-53 所示。

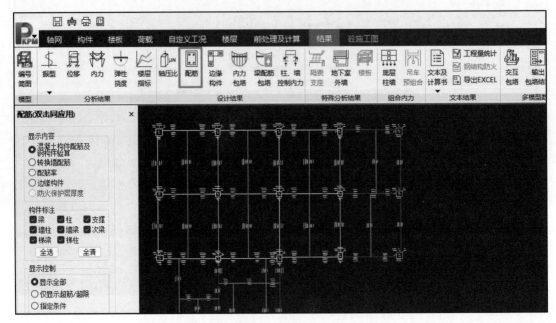

图 9-52　配筋简图

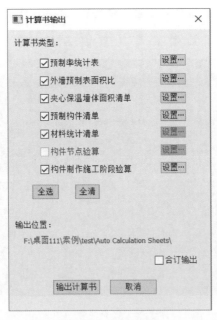

图 9-53　计算书输出

在"计算书输出"对话框中，可通过单击"设置…"按钮选择要输出的楼层及相关内容。设置相关内容如图 9-54 所示。

短暂工况验算生成内容如图 9-55 所示。

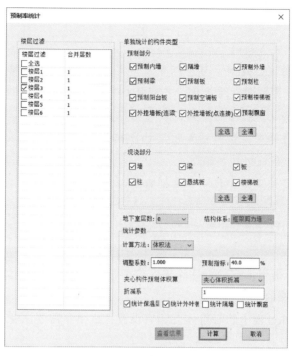

图 9-54　设置相关内容

叠合梁短暂工况验算

一、基本参数

构件尺寸			
	长×宽×高	3898×400×700	mm×mm×mm
	梁体积	0.8887	m³
相关系数			
	重力放大系数		1.1
	脱模助力系数		1.5
	脱模吸附力		1.5
	板吊装动力系数		1.5
	板施工安全系数		5

图 9-55　短暂工况验算生成内容

材料统计清单如图 9-56 所示。

材料统计清单(项目：用户案例一)						
浇筑单元	类型	材料	体积/m³	重量/kg	钢筋重量/kg	合计重量/kg
PCL-1-1	预制梁		1.64	4.09	282.42	286.51
附件	材料	附件单重/kg	每构件数量/件	每构件总重/kg	每构件合计重量/kg	
MGB_25-锚固板			10		0.00	
浇筑单元数量：	1		浇筑单元总重量/kg:	286.51	附件总重量/kg:	0.00

图 9-56　材料统计清单

知识归纳

1. 通过 PKPM 软件进行建模，与传统方法一致，然后导入 PKPM-PC 软件中，进行工艺原则确定，进行拆分方案的初设及优化，并计算相应预制率，制订装配式方案。

2. 方案确定后，再次进行结构计算，进行相关指标统计及验算。

3. 进行叠合板、叠合梁、预制柱深化设计方式，复杂节点钢筋避让方式，预留预埋方式，钢筋碰撞检查等，生成构件加工图。

4. 阐述装配式项目施工图、计算书需要输出内容及生成方式。

 习 题

1. 简述 PKPM-PC 框架结构的设计流程。

2. 简述 PKPM 软件的主要功能。

3. 请谈谈学习软件过程中的心得体会，有没有什么事项需要注意的？

第10章 预制构件

■ 10.1 预制构件的生产

预制构件是指根据设计规格在工厂或施工现场预制的钢、木或混凝土构件，预制混凝土构件的种类主要包括预制柱、叠合梁、叠合板、墙板、楼板、阳台、空调板、飘窗板等。如果说装配式建筑是"搭积木式的建筑"，那么预制构件就是组成建筑的"积木"，而"积木"的质量直接关系到成品的质量。预制构件从某些方面可以说是建筑的工厂化，其质量取决于构件在生产和养护过程中的管理。

10.1.1 预制构件工厂规划

预制构件工厂的规划和设计的核心内容之一是厂内设施的布置，必须充分考虑各种因素，如构件的生产能力、成品堆放、材料运输、水源、电力和环境等，合理安排现场设施（如混凝土搅拌、钢筋加工、预制、存放等生产设施，以及实验室、锅炉、配电室、生活区、办公室等辅助设施）的位置以及关联方式，使各种物资资源得到最有效的利用，为产品服务。

1. 厂区规划设计的原则

总平面设计按照设计任务书进行，并执行国家的方针政策。总平面设计应以所在城市的总体规划、区域规划为基础，并应符合总体规划的要求，包括场地出入口的位置、建筑形式、层数和高度、公共建筑布置、绿化等都应满足规划要求，与周围环境相协调。同时，建设项目内的道路、管网应与市政道路与管网合理衔接，方便生产和生活。总平面设计应考虑到地形、地质、水文、气象等自然条件，因地制宜。建筑物之间的距离应满足生产、防火、日照、通风、抗震及管线布置等各方面的要求。用地范围内的建筑物、构筑物、道路及其他工程设施之间的平面布置应与地形合理结合。

2. 工厂主要建设内容

工厂主要建设内容如下：

1）构件生产区包括构件厂房、构件堆放、构件展示等。

2）生活办公区包括办公楼、实验室、员工宿舍、食堂、门卫等。

3）附属设施用房包括锅炉房、配电房、柴油机发电房等。

4）其他区域用地包括厂区绿化、道路、停车位等。

5）标准构件厂规划建设。

10.1.2 预制构件加工与制作

预制构件的加工与制作应在工厂或者符合条件的现场进行。根据场地、构件的尺寸及施工实际需求等，选择合适的生产工艺和设备、设施，要求能够保证生产质量。可采用固定台座法、自动化生产线工艺进行生产，选择的生产设备应该符合相关行业标准规范要求，且生产全过程应该采取健全的安全保护措施。

1. 固定台座法

固定台座法是指构件的加工与制作在固定的台位上，不同工种在各个工位上操作，通过操作工人和生产机械移动来完成各道工序（如清模、布筋、成型、养护、脱模等）。这种生产方式一般应用于生产梁、柱、阳台板、夹心外墙板和其他一些工艺较为复杂的异型构件等。

固定台座工艺

立模工艺是指将模板垂直使用，浇筑成型。模板是箱体，腔内可通入蒸汽，侧模装有振动设备，从模板上方分层灌注混凝土后，即可分层振动成型。与平模工艺比较，该工艺节约生产用地，提高生产效率，而且构件的两个表面都平整，通常用于生产外形比较简单而又要求两面平整的构件，如预制楼梯段等。立模通常成组组合使用，可同时生产多块构件。每块立模板均装有行走轮，能以上悬或下行方式进行水平移动，满足拆模、清模、布筋、支模等工序的操作需要。

2. 自动化生产线工艺

自动化生产线是指依靠专业自动化设备有序进行各生产工序，在生产线上具有一定的生产节拍，最后通过立体养护窑养护成型，做到形成一套完整的流水作业。自动化生产线适用于平面构件的生产制作工艺，如墙板构件和楼板构件的制作过程。自动化生产线一般分为8大系统：钢筋骨架

自动化生产线工艺

成型、混凝土拌和供给系统、布料振捣系统、养护系统、脱模系统、附件安装与成品输送系统、模具返回系统、检测堆码系统。

在模台生产线上设置了自动清理机、自动喷油机（脱模剂）、划线机和模具，设置有钢筋骨架安装或桁架筋安装、质量检测等工位，整个过程自动化控制，循环流水作业。一方面，它可以更好地组织整个产品生产制作过程，材料供应不需要内部搬运即可到位，而且每个工人都可以在同一位置完成同样的工作；另一方面，它可以降低工厂生产成本，由于每个独立的生产制作工序均在为此作业工序专门设计的工作台上完成，可以装备更多的作业功能。

相比于固定模台生产线，自动化生产线的产品精确度和生产效率更高，成本费用更低，特别是人工成本投入将比传统生产线节省 50%。

10.1.3　预制构件生产设备

预制构件生产厂内生产线由一些设备组成：模台、混凝土输送机、布料机、振动台及控制系统、模台存取机及控制系统、预养护系统及温控系统立体养护窑、刮平机、模具清扫机等。预制构件生产设备大致可分为以下 6 类。

1. 混凝土搅拌机组

混凝土搅拌机是把水泥、砂石骨料、矿物掺合料、外加剂和水混合并拌制成混合料的机械。机组主要由物料储存系统、物料称量系统、物料输送系统、搅拌系统、粉料输送系统、粉料计量系统、水以及外加剂计量控制系统以及其他附属设施组成。

2. 钢筋加工设备

常用的设备有冷拉机、冷拔机、调直切断机、弯曲机、弯箍机、切断机、滚丝机、除锈机、对焊机、电阻点焊机、交流手工弧焊机、氩弧焊机、直流焊机、二氧化碳保护焊机、埋弧焊机、砂轮机等。

调直切断机

随着我国工业化、信息化快速发展，钢筋制品的工厂化、智能化加工和配送设备得到了大力推广和应用，包括钢筋强化机械、自动调直机械、数控钢筋弯箍机械、数控钢筋弯曲机械、数控钢筋笼滚焊机械、数控钢筋矫直切断机械、数控钢筋剪切线、数控钢筋桁架生产线、柔性焊网机等设备。自动调直机械如图 10-1 所示。

弯箍机

3. 模具加工设备

常用模具加工设备有剪板机、折弯机、压力机、钻床、磨床、砂轮机、电焊机、气割设备、铣边机、车床、矫平机、激光切割机、等离子切割机、天车等。

图 10-1　自动调直机械

混凝土浇筑设备

4. 混凝土浇筑设备

下料采用摊铺机和人工相结合的方式，底板采用平板振捣器进行振捣，肋采用振捣棒振捣，浇筑时间短，生产效率高。浇筑时可采用插入式振动棒、平板振动器、振动梁、高频振动台、普通振动台、附着式振动器等。

5. 养护设备

在露天生产时，主要采用蒸汽管道，输送蒸汽到混凝土表面，同时需用帆布进行覆盖；在室内生产时，在模台底部设置回热水水浴管道，使用蒸汽加热循环水进行养护。其他设备有立式养护窑、隧道养护窑、蒸汽养护罩、自动温控系统等。

6. 吊装码放设备

吊装码放设备主要包括塔式起重机、汽车式起重机、框架式吊梁、吊索、翻板机、卡具、吊钉等。

■ 10.2 预制构件的存放

10.2.1 构件堆放的基本要求

施工现场应按照总平面规划要求，设置运输通道和构件专用堆场，避免交叉作业，保障施工安全，并应满足以下要求：

1）运输道路及存放场地应平整、坚实（宜硬化，以满足平整度和地基承载力要求），且应有排水措施。在地下室顶板等部位设置的堆场，应有经过施工单位技术部门批准的支撑方案。

2）构件堆场应根据规格、品种、所用部位、吊装顺序分别设置存放场地，且对进场的每块板需按吊装次序进行编号，应尽量布置在建筑物的外围，并且严格分类堆放。构件宜布置在吊装设备的有效起重覆盖范围之内，且应在构件堆垛之间设置合理的通道。

3）构件堆场周围应设置隔离围栏，并悬挂安全警示牌。不得与其他建筑材料、设备混合堆放，防止搬运时相互影响造成伤害。

4）预制构件存放时，应将预埋吊件向上，标志向外，预埋吊件应避免被遮挡，易于起吊。构件叠放层数应符合规范要求，防止构件堆放超限产生安全隐患。构件重叠堆放时，每层构件之间的垫木或者垫块应保持在同一条垂直线上。

5）插架应有足够的刚度和稳定性，应设置防磕碰、防构件损坏、变形、倾覆的保护措施，相邻插架宜连成整体并定期进行检查。夹心保温外墙构件存放处 2m 范围内不应有动火作业。构件标识信息清晰、完整，宜布置在构件正面或侧面，便于识读，并注意保护。

10.2.2 确定预制构件的储存方式

根据预制构件（如叠合板、墙板、楼梯、梁、柱、飘窗、阳台等）的外形尺寸可以把预制构件的存储方式分成叠合板、墙板、楼梯、梁、柱、飘窗、阳台叠放几种储放不同方式。下面简要介绍其中的 5 种。

1. 叠合板的放置

叠合板应放在指定存放区域，确保存放场地地面平整。叠合板需分型号码放、水平放置。叠合板采用叠放方式，第一层叠合楼板应放置在 H 型钢（型钢长度根据通用性一般为3000mm）上，保证桁架筋与型钢垂直，型钢距构件边 500~800mm。各层间用 4 块 100mm×100mm×250mm 的方木隔开，四角的 4 个方木平行于型钢放置，叠合板存放如图 10-2 所示。应合理设置垫块支点位置。叠合板叠放层数不应超过 8 层，高度不应超过 1.5m。

2. 墙板专用存放架存储

墙板采用立方专用存放架存储，墙板宽度小于 4m 时墙板下部垫 2 块 100mm×100mm×250mm 方木，两端距墙边 30mm 处各一块方木。墙板宽度大于 4m 或带门口洞时，墙板下部垫 3 块 100mm×100mm×250mm 方木，两端距墙边 300mm 处各一块方木，墙体重心位置处一块，墙板存放如图 10-3 所示。

图 10-2　叠合板存放

图 10-3　墙板存放

3. 楼梯的储存

楼梯应放在指定的储存区域，存放区域地面应保证水平。楼梯应分型号码放，折跑梯左右两端第二、三个踏步位置应垫 4 块 100mm×100mm×500mm 方木，距离前后两侧为 250mm，保证各层间方木水平投影重合，存放层数不应超过 6 层。楼梯存放如图 10-4 所示。

4. 梁的储存

梁应放在指定的存放区域，存放区域地面应保证水平，需分型号码放、水平放置。第一层梁应放置在 H 型钢（型钢长度根据通用性一般为 3000mm）上，保证长度方向与型钢垂直，型钢距构件边 500~800mm，长度过长时应在中间间距 4m 放置一个 H 型钢，根据构件长度和重量最高叠放 2 层。层间用 100mm×100mm×500mm 的木方隔开，保证各层间木方水平投影重合于 H 型钢。梁存放如图 10-5 所示。

图 10-4　楼梯存放

图 10-5　梁存放

5. 柱的储存

柱应放在指定的存放区域，存放区域地面应保证水平。柱需分型号码放、水平放置。第一层柱应放置在 H 型钢（型钢长度根据通用性一般为 3000mm）上，保证长度方向与型钢垂直，型钢距构件边缘 500~800mm，长度过长时应在中间间距 4m 处放置一个 H 型钢，根据构件长度和重量最高叠放 3 层。层间用 100mm×100mm×500mm 的方木隔开，保证各层间木方水平投影重合于 H 型钢。柱存放如图 10-6 所示。

图 10-6　柱存放

■ 10.3　预制构件的养护

1. 夏季养护规定

对于夏季生产的预制构件，养护应符合下列规定：在预制构件生产后（特别在生产后 7d 养护期内）要始终保持预制构件表面湿润，预制构件养护采用浇水自然养护方法，可采用篷布、土工布、棉被、薄膜等覆盖洒水养护，洒水养护采用自动喷淋系统（或人工喷淋）进行，养护用水与搅拌制混凝土用水相同，水温与表面混凝土之间的温差不得大于 15℃。洒水次数以保持混凝土表面湿润状态为宜，一般情况下，白天（视天气情况）1~2h 一次，晚间（视天气情况）4h 一次，应做好洒水记录，确保养护到位。

预制构件的养护

2. 冬季养护规定

对于冬季生产的预制构件，养护应符合下列规定：日均气温低于 5℃ 时，不得采用浇水自然养护方法。

3. 春秋季养护规定

对于春秋季生产的预制构件，养护应符合下列规定：根据天气情况，综合夏季养护和冬季养护的规定，在预制构件生产后 7d 养护期内始终使预制构件表面保持湿润状态。

10.4 预制构件的运输

预制构件的运输宜采用专用运输车。由于大多数预制构件长度和宽度都是远远大于厚度的，所以正立放置稳定性较差，应该设置侧向护栏以及其他起到固定作用的专用运输架，适应运输过程中道路及施工现场场地不平整、颠簸情况而构件不会发生倾覆的需求。预制构件的运输应制订运输计划以及方案，内容包括运输时间、次序、堆放地点、运输路线及成品保护措施等。一些超高、超宽或者形状较为特殊的大型构件运输和进场堆放时，应该采用专门的质量安全保证措施。

预制构件的运输

预制构件的运输可分为立式运输方式和平层叠放运输方式。

1）立式运输方式。在低盘平板车上按照专用运输架，墙板对称靠放或者插放在运输架上。对于外墙板、内墙板和 PCF 板等竖向构件多采用竖直立放运输。

2）平层叠放运输方式。将预制构件平放在运输车上，一件件往上叠放，再一起进行运输。梁、叠合板、阳台板、楼梯等水平构件多采用平放运输方式。构件运输如图 10-7 所示。

a) b)

图 10-7 构件运输

a）构件平放示意图 b）构件立放示意图

预制构件叠放时，叠合楼板标准为 6 层/叠，不影响质量安全可到 8 层，堆码时按产品的尺寸大小堆叠；预应力板堆码一般为 8~10 层/叠；叠合梁一般为 2~3 层/叠（最上层的高度不能超过挡边一层），考虑是否有加强筋向梁下端弯曲。

除此之外，对于一些小型构件和异型构件，多采用散装方式进行运输。

10.5 质量验收

质量验收相关标准见表 10-1。

表 10-1　质量验收标准

类别	序号	检查项目		质量标准	检验方法
主控项目	1	结构性能检验		预制构件应进行结构性能检验，结构性能检验不合格的预制构件不得用于混凝土结构	检查结构性能试验报告
	2	外观质量		不应有严重缺陷，对已出现的严重缺陷，应按技术处理方案进行处理，并重新验收	观察，检查技术处理方案
	3	尺寸要求		预制构件不应有影响结构性能、安装和使用功能的尺寸偏差；对超过尺寸允许偏差且影响结构性能、安装和使用功能的部位，应由施工单位提出技术处理方案，并经监理（建设）、设计单位认可后进行处理；对经处理的部位，应重新检查验收	观察，检查技术处理方案
	4	构件标志和预埋件、插筋、预留孔洞		预制构件应在明显部位标明生产单位、构件型号等；构件上的预埋件、插筋和预留孔洞应符合标准图或设计的要求	观察检查
一般项目	1	外观质量		不宜有一般缺陷，对已出现的一般缺陷，应按技术处理方案进行处理，并重新验收	观察，检查技术处理方案
	2	长度偏差/mm	板、梁	−5～+10	钢尺检查
			柱	−10～+5	
			墙板	−5～+5	
			薄腹梁、桁架	−10～+15	
	3	宽度、高（厚）度偏差/mm		−5～+5	钢尺量一端及中部，取其中较大值
	4	侧向弯曲	梁、柱、板	≤$L_2/750$，且≤20mm	拉线、钢尺量最大侧向弯曲处
			墙板、薄腹梁、桁架	≤$L_2/1000$，且≤20mm	
	5	埋件	中心位移/mm	≤10	钢尺检查
			螺栓位移/mm	≤5	
			螺栓外露长度偏差/mm	0～+10	
	6	预留孔中心位移/mm		≤5	钢尺检查
	7	预留洞中心位移/mm		≤15	钢尺检查
	8	主筋保护层厚度偏差/mm	板	−3～+5	钢尺或保护层厚度测定仪式量测
			梁、柱、墙板、薄腹梁、桁架	−5～+10	
	9	板、墙板对角线差/mm		≤10	钢尺量两个对角线

（续）

类别	序号	检查项目		质量标准	检验方法
一般项目	10	板、墙板、柱、梁表面平整度/mm		≤5	2m 靠尺和塞尺检查
	11	梁、墙板、薄腹梁、桁架预应力构件预留孔道位置偏差/mm		≤3	钢尺检查
	12	翘曲	板	≤$L_2/750$	调平尺在两端量测
			墙板	≤$L_2/1000$	

注：L_2 为构件长度。

 知识归纳

1. 预制构件是指依据设计规格在工厂或现场预先制成的钢、木或混凝土构件。

2. 预制构件工厂的规划和设计需要充分考虑构件的生产能力、成品堆放、材料运输、水源、电力和环境等各种因素。

3. 标准构件厂主要建设内容包括构件生产区、生活办公区、附属设施用房、其他区域用地、标准构件厂规划建设。

4. 预制构件生产工艺流程包括固定台座法和自动化生产线工艺。

5. 预制构件生产设备包括混凝土搅拌机组、钢筋加工设备、模具加工设备、混凝土浇筑设备、养护设备、吊装码放设备。

6. 构件堆场应满足相关规定的要求。

7. 根据预制构件（如叠合板、墙板、楼梯、梁、柱、飘窗、阳台等）的外形尺寸可以把预制构件的存储方式分成叠合板、墙板、楼梯、梁、柱、飘窗、阳台叠放等几种。

8. 预制构件的防护按照季节的不同，应符合不同的规定。

9. 预制构件的运输方式分为立式运输方式、平层叠放运输方式等。

10. 质量验收应符合相关标准。

 习 题

1. 简述标准构件厂规划建设的内容。

2. 简述两种预制构件运输方法的适用条件。

3. 预制构件的生产工艺流程是什么？

4. 请查找预制混凝土构件生产工厂规划设计的相关资料，以小组为单位，制作 PPT，并进行汇报。

第 11 章　装配式建筑施工

【本章目标】

1. 了解施工组织设计、施工组织安排、施工平面的相关内容及要求。

2. 了解项目施工进度管理、现场施工现场管理、劳动力组织管理、材料预制构件管理、机械设备管理。

3. 学习构件现场安装施工流程、施工要求、安装工艺等，了解构件安装前的质量控制要点。

4. 介绍钢筋灌浆套筒连接技术和现浇部位连接技术。

5. 了解预制构件质量控制要点和装配施工质量验收相关规定。

【重点、难点】

本章的重点在于学习施工进度管理相关要求，熟悉构件现场安装流程、安装工艺，熟悉构件连接方式。

本章的难点在于熟悉记忆装配式建筑项目施工现场与人员、材料、机械设备相对应的进度管理、劳动力组织管理、材料管理、机械设备管理等的相应要求。另外，不同构件安装流程及工艺之间的异同也是本章的学习难点，需要同学们重点识别并加以区分、记忆。

■ 11.1　施工前期准备

装配式建筑的建造与工业生产的总装阶段相对应，装配式建筑施工过程根据建筑设计的要求，在施工现场将各种建筑构件部品装配成整体建筑。装配式建筑的建设必须遵循设计、生产、施工一体化的原则，在设计、生产、技术和管理之间实现协同。

11.1.1 施工组织设计

1. 编制原则

工程施工组织设计应能预见性地、及时地、客观地反映实际情况，覆盖项目施工的全过程，施工组织设计应科学合理、技术先进、部署合理、成本经济、技术成熟，具有较强的针对性、指导性和可操作性。

2. 编制依据

施工组织设计的编制应根据有关法律和法规，符合现行国家或地方标准。编制施工组织设计应根据工程设计、施工合同、项目特点、建筑功能、结构性能和质量要求等因素。

施工组织设计编制时应考虑到施工现场条件，工程地质和水文地质、气象等自然条件。施工组织设计的编制应结合企业自身生产能力、技术水平及装配式建筑构件生产、运输、吊装等工艺要求，制订工程主要施工办法及总体目标。

3. 主要编制内容

装配式建筑施工组织设计的主要内容包括编制说明和依据、工程特点分析、项目概况、工程目标、施工组织与部署、施工准备、施工总平面布置、施工技术方案、相关保证措施。

（1）编制说明和依据　编制说明和依据包括文件名称、工程特点、施工合同、工程地质勘察报告、审批的施工图、主要现行国家和地方标准等。

（2）工程特点分析　从分析工程特点的基础上，对施工要点进行层层剥离，提出解决方案，重点分析施工技术，如预制深化设计、制造运输、现场吊装、测量、连接等。

（3）项目概况　项目概况包括建筑概况、结构介绍、工程建设范围、构件制造商、场地条件、工程建设特点等。同时，针对项目的重点和难点提出解决措施。

（4）工程目标　工程目标包括工程项目工期、质量、安全生产、文明施工、职业健康和安全管理、科技进步和创优目标等，并对每个目标的内部责任进行细分。

（5）施工组织与部署　施工组织与部署应以图表等形式列出项目管理的组织机构图。还应说明项目管理模式、项目管理人员的配备、职责分工及项目劳务队伍的安排，并概述施工区段的划分、施工顺序、施工任务的划分、主要施工技术措施等。

（6）施工准备　施工准备应包括工作组织、进度安排、技术准备、资源准备、现场准备等。技术准备包括规范和标准准备、图纸会审和构件拆分准备、施工工艺设计和开发、检验批划分、配合比设计、定位桩接收和复核、施工方案编制等。资源准备包括机械设备、劳动力、工程材料、周转材料、资源组织等。现场准备包括现场准备任务的安排和现场准备内容。

（7）施工总平面布置　结合工程实际，说明总平面布置的制约因素，分阶段说明现场布置的内容，阐述施工现场布置的管理内容。施工现场布置中应考虑到生活办公设施、施工道路、吊装起重设备、构件堆放场地的布置。预制构件应考虑类型、重量、位置等因素，合理安排预制构件的卸载点和堆放地点。设置专门的构件堆放场所，既要满足构件堆放数量和重量的要求，又要重点考虑垂直运输设备的起吊半径和起吊重量，以确定其选型和布置。规划施工道路，道路设置应能满足构件运输车辆的荷载，并在场地内形成环形通道。转弯处应有足够的转弯半径，出、入口分开设置，以方便大型构件运输车辆进出，并考虑车辆交汇问题。

（8）施工技术方案　根据施工组织部署中采用的技术方案，对工程的施工工艺进行相应的描述。阐述装配式建筑施工的组织措施、实施、检查和改进、实施责任划分。认真组织图纸会审。为了在设计中获得施工依据，应编制预制施工方案。在装配式建筑施工组织设计技术方案中，除需编写传统基础施工、现浇结构施工等施工方案之外，还需编写构件生产方案、运输方案、吊装方案、临时支撑方案、构件接缝施工方案等方案。

（9）相关保证措施　相关保证措施包括质量保证措施，安全生产保证措施、文明施工保证措施、环境保护措施、应急响应措施、季节施工措施、成本控制措施等。

11.1.2　施工组织安排

1. 总体安排

根据工地总承包合同、施工图和现场情况，工程可分为基础及地下室结构施工阶段、地上结构施工阶段、装饰装修施工阶段、室外工程施工阶段、系统联动调试及竣工验收阶段。

以装配式高层住宅建筑为例，施工阶段的总体安排是，塔楼区（含地下室）按顺序向上流水施工，而地下室则按三段组织流水施工。工序安排上以桩基础施工→地下室结构施工→塔楼结构施工→外墙涂料施工→精装修工程施工→系统联合调试→竣工验收为主线，按照节点工期确定关键线路，统筹考虑自行施工与业主另行发包的专业工程的统一协调，合理安排工序搭接及技术间歇，确保各节点工期。

2. 分阶段安排

（1）基础及地下室施工阶段　根据工程特点、后浇带位置和施工组织要求进行施工区划分，将地下室结构施工阶段划分为若干个施工区域和若干个由独立资源组织的区域进行平行施工。

（2）主体结构施工阶段　根据地上塔楼及工业化施工特点进行区段划分，地上结构施工分为塔楼转换层以下结构施工阶段和转换层以上结构施工阶段，然后根据工程量、施工缝、作业队伍等，对每个塔楼划分施工流水段。

（3）竣工验收阶段　竣工验收阶段的工作主要包括系统联动调试、竣工验收和资料移交。

11.1.3　施工平面布置

施工现场的布置，首先进行起重机械选型，进行施工现场布局和场内道路规划时应考虑起重机械的类型，根据起重机械与道路的相对关系来确定构件堆场的位置。装配式建筑和传统建筑的施工场区布置相比，影响塔式起重机选型的因素有所变化，主要原因是增加了构件吊装工序，影响了起重机在施工流水段和施工流向的划分。由于预制构件运输的特殊性，必须控制运输道路坡度及转弯半径，根据塔式起重机的覆盖情况，需要综合考虑构件堆场布置。预制构件堆场的布置原则是预制构件存放受力状态与安装受力状态一致。

1. 影响施工场地的因素

施工场地平面布置的重点不仅要考虑现场施工需要的材料堆场，还应考虑预制构件吊装作业预留场地。因此，不宜在规划的预制构件吊装作业场地设置临时的水、电管线、钢筋加工场等临时设施。吊装构件堆放场地应能满足一天施工需要，同时，要为以后的装修作业和设备安装预留场地，因此，需合理布置塔式起重机和施工电梯，满足预制构件吊装和其他材料运输。

在装修施工和设备安装阶段，将有大量的分包单位进场施工，在此阶段，设备、材料堆场布置，应按照施工进度计划，以便后续材料、设备的堆放。

根据预制构件的重量和位置进行塔式起重机的选型，使塔式起重机能够满足最重构件的起吊要求；根据其余各构件重量、模板重量、混凝土吊斗重量及其与塔式起重机的相对关系，对已经选定的塔式起重机进行校验；并根据预制构件重量与其安装部位的相对关系进行道路布置与堆场布置。

2. 预制构件吊装平面布置要求

施工道路的宽度需满足构件运输车辆的双向开行及卸货吊车的支设空间。道路的平整度和路面强度必须满足吊车吊运大型构件时的承载力要求。对于长 21m 的货车，路宽宜为 6m，转弯半径宜为 20m，可采用装配式预制混凝土铺装路面或者钢板铺装路面。

构件存放场地的布置应避开地下车库区域，防止对车库顶板施加过大临时荷载，如采用地下室顶板作为堆放场地时，必须计算承载力，并在必要时进行加固。墙板和楼面板等重型构件应靠近塔式起重机中心存放，而阳台板、女儿墙等较轻宜存放在起吊范围内的较远处。各类构件宜靠近且平行于临时道路排列，便于构件运输车辆卸货到位和施工中按顺序补货，避免二次倒运。

不同的构件堆放区域之间宜设置 0.8~1.2m 宽的通道，根据构件吊装位置划分预制构件存放位置，并用黄色油漆涂刷分隔线，每个区域标注构件类型，存放构件时一一对应，以提高吊装精度，方便堆放和吊装。构件存放应根据吊装顺序和流水段配套堆放。

■ 11.2　施工组织与管理

11.2.1　施工进度管理

在装配式建筑项目中，应最大限度采用设计、生产、施工一体化的组织管理模式，从根本上控制施工进度，提高管理水平和工程效率。

1. 项目进度管控

订立进度控制工作制度，利用 EPC 总承包的优势，将设计、生产、施工等各环节综合考虑。项目进度管控应从进度的事前控制、事中控制、事后控制等方面进行，实现全过程连续、动态的进度控制，形成计划、实施、调整（纠偏）的完整循环。

（1）进度的事前控制　进度的事前控制主要对设计和生产阶段提前介入。要确定工期目标，编制项目实施总进度计划及相应的分阶段（期）计划，相应的施工方案和保障措施。重点是明确设计的出图时间节点和施工进度计划的编制。

（2）进度的事中控制　进度的事中控制主要是审核计划进度和实际进度的差异，对工程进度进行动态管理，分析进度差异的原因，提出调整的措施和方案，并相应调整施工进度计划和资源供应计划。对于装配式混凝土工程，施工中应重点观察起重吊装机械的运行效率、构件安装效率等，并计划和企业定额进行对比。

（3）进度的事后控制　进度的事后控制主要是当实际进度与计划进度发生偏差时，应在分析原因的基础上采取措施，确保不超过总工期；超过总工期时，应采取补救措施；调整施工计划，并组织相应的协调配套实施和保障措施。

2. 项目进度调整

（1）设计协调　设计是构件生产的前提，构件生产是现场施工和安装的前提。因此，装配式混凝土建筑必须以统一协调的方式进行管理，以确保高效运行。设计阶段的出图时间和设计质量直接影响到构件深化设计和工厂的生产准备，从而影响工程整体进度。对设计的进度要求一般在项目策划阶段，同工程总进度计划一起予以明确。构件厂施工现场技术人员应与设计人员紧密联系，并根据需要召开协调会。

（2）构件生产协调　在工程总进度计划确定后，施工单位应编制构件吊装计划，并要求构件厂编制构件生产计划。生产计划应根据施工现场的总体施工计划进行编制，并且尽可能地将单个施工楼层生产计划和现场吊装计划进行匹配，在生产过程中应根据现场施工吊装计划进行动态调整。现场施工人员必须与构件厂密切联系，了解构件生产情况，并根据现场场地情况考虑构件的存放量。

（3）现场准备协调　在构件进场前，施工单位应与构件厂协调每批构件的具体进场时间和进场次序。构件进场应充分考虑构件运输的限制因素，确定场内、外行车路线。

3. 工序穿插作业

装配式建筑的主要优势在于施工过程中针对不同工序组织穿插作业。施工中应与当地行政主管部门进行沟通协调，采取主体结构分段验收的形式，提前进行装饰装修施工的穿插，实现多作业面同时有序施工，对提高项目的整体效率和效益有非常明显的作用。

11.2.2 施工现场管理

1. 构件吊装进度安排

以装配式剪力墙结构的标准层构件吊装进度安排为例，标准工期为5d 1层，综合考虑到前期的装配施工作业中装配工人安装熟练程度，前2~3层装配施工，按6d 1层施工，待装配工人装配工序熟练后，可按5d 1层施工。

2. 工期保障措施

（1）管理保证　根据招标文件的要求，编排合理的总进度计划，以整个工程为对象，综合考虑各方面的情况，对施工过程做出战略性部署，确定主要施工阶段的开始时间及关键路线、工序，明确施工主攻方向；同时编制所有施工专业的分部、分项工程进度计划，在工序的安排上服从施工总进度计划的要求和规定，时间安排上留出一定余地，以实现施工总目标。

（2）资源保证　装配式混凝土结构在施工现场所需的工人数量少于传统的现浇结构，但同时对工人的质量需求、素质要求较高，特别是在关键工序，如在构件安装、灌浆等工序中，需要具备相应的知识以及过硬的技能水准的操作工人。因此，施工现场应确保这些工人是相对固定的，并且做好工人的培训和交底工作，以提高工人素质。

（3）经济保证　严格执行预算管理，在施工准备期间编制项目全过程现金流量表，预制项目的现金流，对资金做到平衡使用，以丰补缺，避免资金的无计划管理，严格执行专款专用制度，建立专门的工程资金账户，按照工程各阶段控制日期，及时支付各专业分包的劳务费用，充分保证劳动力、机械、材料及时进场。

11.2.3　劳动力组织管理

劳动力组织管理是根据项目特点和目标，对施工过程中的劳动力进行合理组织、高效使用和管理，并根据项目进度的需要不断调整劳动量、劳动力组织以及劳动协作关系。在装配式建筑施工中，劳动力组织和传统的劳动力组织管理有很大不同，主要区别在于，传统的劳动力组织管理依靠的是劳务市场的劳务功能，而劳务工人技能素质普遍不高，现场的劳务工人管理处于松散状态，难以实现高效的组织和管理，而装配式建筑的劳动力组织管理是依靠专业化施工队伍和产业功能。在组织和管理方式上发生重大变化，尤其是在施工工种方面不仅减少了一些工种，还增加了一些新的工作，如构件堆放管理员、信息管理员、构件安装工、灌浆工等工种。

1. 构件堆放人员管理

施工现场应设置构件堆放专职人员，负责对已进场构件的堆放、储运管理工作。构件堆放的专职人员应建立现场构件堆放台账，进行构件收、发、储、运等环节的管理，并对预制构件进行分类和有序堆放。同类预制构件应采用编码使用管理，防止装配过程出现错装问题。为保障装配式建筑施工工作的顺利进行，确保构件使用和安装的准确性，防止构件装配出现错装、误装或难以区分构件等问题，不宜随意更换构件堆放专职管理人员。

2. 吊装作业人员管理

在装配混凝土结构施工过程中，有大量的吊装作业，而吊装作业的效率直接关系到施工进度，且吊装作业的安全也将直接影响到施工现场的安全文明管理。吊装作业班组一般由班组长、吊装工、测量放线工、司索工等人员组成。通常一个吊装作业班组的组成如图 11-1 所示。

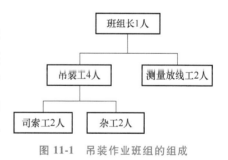

图 11-1　吊装作业班组的组成

3. 套筒灌浆作业人员管理

套筒灌浆作业施工由若干班组组成，每组应不少于两人，一人负责注浆作业，一人负责调浆以及灌浆溢流孔封堵作业。

4. 劳动力组织技能培训

根据装配式混凝土结构工程的管理和技术特点，对管理人员和作业人员进行专项培训，并建立完善的内部培训和考核机制，切实提高职业技能和素质。专项培训的主要内容包括安全培训和技能培训。

（1）安全培训　吊装工序施工作业前应对工人进行专门的吊装作业安全意识培训。构件安装前应对功能进行构件安装专项技术交底，确保构件安装质量一次到位。

（2）技能培训　灌浆作业施工前应对工人进行专门的灌浆作业技能培训，模拟现场灌浆施工作业流程，提高注浆工人的质量意识和业务技能，确保构件灌浆作业的施工质量。

11.2.4　材料、预制构件管理

建筑材料和预制构件管理是指从施工准备到项目竣工交付全过程中进行的，是对施工材料和预制构件的采购、运输、保管、使用回收等环节的相关管理工作。

1. 材料、预制构件采购及运输

根据现场施工所需的数量、构件型号，提前通知供货厂家，使其能根据所提供的构件生产和进场计划组织运输，以便将构件有序地运送到施工现场。采用的灌浆料、套筒等材料的规格、品种、型号和质量必须符合设计和有关规范、标准的要求。为确保后续施工不受影响，坐浆料和灌浆料应提前进场取样送检，合格后方可使用。

2. 材料、预制构件使用

预制构件的尺寸、外观、钢筋等，必须满足设计和相关规范、标准的要求。外墙装饰类构件及材料应符合现行国家规范和设计的要求，并符合经业主批准的材料样板的要求，并根据材料的特性、使用部位进行选择。

3. 材料、预制构件保管

应建立管理台账，对材料的收、发、储、运等环节进行技术管理，预制构件应分类有序堆放。此外，同类预制构件应采取编码使用管理，以避免装配过程中出现位置错装。

4. 材料、工装的质量控制与管理

为了满足工程施工要求，在工程施工阶段编制材料、工装系统需要制订计划。同时，项目施工中各分项工程的管理人员应根据施工进度的要求，编制月、周的材料、工装物资需用量的进场计划。项目组织应安排各种材料、工装系统进场的搬运、储存、保管及分发。

11.2.5　机械设备管理

在装配式建筑建设过程中，机械设备可分为三大类：一是，在工厂生产预制构件的各类机械设备，简称生产机械设备，如各类模具、模台、布料机等；二是，施工过程中使用的各类机具设备，简称施工设备，如大型运输机械、各类施工操作工具；三是，生产和施工过程中使用到的各类测量、计量仪器和器具，简称测量设备。这三类机械设备对装配式结构质量有很大的影响，因此必须严格控制机械设备，以保证施工质量。

机械设备管理是指对机械设备进行全过程控制，即从选购机械设备，到投入使用、磨损和补偿，直至报废退出生产领域为止的全过程管理。

1. 机械设备转型

施工机械设备选型，应遵守以下原则：施工机械应适应建设项目的实际情况；尽量选用高生产效率的机械设备；应使用性能稳定、安全可靠、操作简单方便的机械设备；应尽可能选用低能耗的施工机械设备；选用的施工机械设备和各种安全防护装置要齐全、灵敏可靠。施工机械设备选型的依据主要从工程的特点、工程量、施工条件、施工机械需用量4个方面着手。

（1）工程的特点　根据工程平面分布、长度、高度、宽度、结构形式等确定设备选型。

（2）工程量　充分考虑建设工程需要加工运输的工程量大小，决定选用的设备型号。

（3）施工条件　施工项目的施工条件包括现场道路条件、周边环境条件、现场平面布置条件等。

（4）施工机械需用量　应对施工机械需用量进行计算。

2. 吊运设备的选型

由于装配整体式混凝土结构中预制构件体型都较为重大，人工很难对其加以吊运安装，通常需要使用大型机械吊运设备来完成构件的吊运和安装工作，吊运设备分为移动式汽车起重机和塔式起重机，移动式汽车起重机如图 11-2 所示，塔式起重机如图 11-3 所示。在实际施工过程中，应合理地结合作业条件和要求，选择使用这两种吊装设备，使其优缺点互补，更好地完成装卸运输各类构件的吊运安装工作，取得最佳的经济效益。

图 11-2　移动式汽车起重机

图 11-3　塔式起重机

（1）移动式汽车起重机的选择　在装配整体式混凝土结构施工中，对于吊运设备的选择，通常要综合考虑设备造价、合同周期、施工现场环境、建筑高度、构件吊运质量等因素。移动式汽车起重机因为机动性好和转移迅速，是目前最常用的起重机类型之一。

一般来说，在低层和多层装配整体式混凝土结构的施工中，预制构件的吊运安装作业通常采用移动式汽车起重机，当现场构件需要二次倒运时，可采用移动式汽车起重机。

（2）塔式起重机的选择　塔式起重机简称塔机，俗称"塔吊"，具有能力强、作业范围大等特点。其在建筑工程中已被广泛运用。

塔式起重机的选型取决于工程规模。例如，对于小型多层装配整体式混凝土结构工程，可以选择小型塔式起重机，而对于高层建筑，宜选择与之匹配的起重吊装机械。又因为机械的垂直运输能力直接决定了施工速度，所以要对不同塔式起重机价格和进度进行综合考量，选择经济合理的起重机。

■ 11.3　构件装配化施工

装配式混凝土结构是由水平受力构件和竖向受力构件组成的。构件采用工厂化生产，在施工现场进行装配，通过后浇混凝土连接形成整体结构，结构形式主要有装配式混凝土框架结构、装配式混凝土剪力墙结构，结构形式不同，则施工流程也有很大差异。

1. 装配式混凝土框架结构施工流程

装配式混凝土框架结构的竖向构件主要是预制柱,水平构件是预制梁、预制(叠合)楼板,其中柱子中竖向钢筋主要通过灌浆套筒连接方式进行连接。

装配式混凝土框架结构按照标准楼层的施工流程简单表述如下:预制柱(墙)吊装→预制梁吊装→预制板吊装→预制外挂板吊装→预制阳台板吊装→楼梯吊装→现浇结构工程及机电配管施工→现浇混凝土施工。其中,预制楼梯也可在现浇混凝土施工完毕拆模后再进行吊装。

预制阳台板吊装

2. 装配式混凝土剪力墙结构施工流程

装配式混凝土剪力墙结构竖向构件主要是预制剪力墙,而水平构件是预制梁,预制(叠合)楼板。其中,竖向构件钢筋主要通过灌浆套筒连接、浆锚连接、焊接、墙底坐浆或灌浆方式等进行连接。水平方向主要由后浇混凝土段连接,后浇段一般位于边缘构件处。后浇混凝土段里面钢筋通过机械套筒连接、绑扎连接、焊接等方式连接。以下以装配式混凝土剪力墙结构的标准层为例简述施工流程。装配式混凝土剪力墙结构的标准层施工流程如图 11-4 所示。

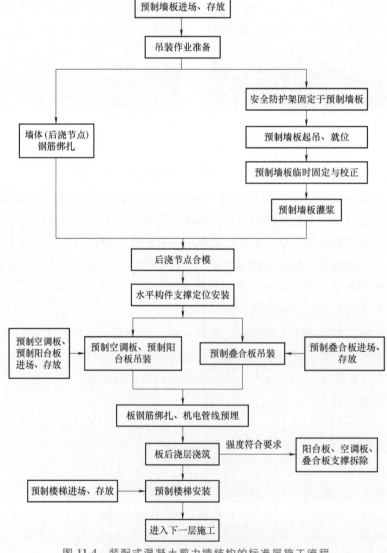

图 11-4 装配式混凝土剪力墙结构的标准层施工流程

11.3.1　构件安装施工

1. 安装前准备

装配式混凝土结构的一个特征就是有大量的现场吊装工作，其施工精度要求高，吊装过程安全隐患较大。预制混凝土构件吊装分为干式和湿式两类，干式主要依据施工流程进行吊装作业，而湿式操作流程与干式一致，但是与干式相比，其操作环节更复杂，难度也更大。吊装施工应预留一些空间，以利于后期构件进行拼接和安装。同时，为确保吊装稳定性，使用专门维持稳定的吊具，从而优化施工全过程。应对吊装操作人员进行岗前培训，指导技术操作，保证后期吊装施工顺利进行。

因此，预制构件正式安装前必须做完善的准备工作，如预制构件安装流程，预制构件、材料、预埋件、临时支撑等应根据国家现行相关标准及设计验收合格，并按施工方案、工艺和操作规程的要求，做好人员、机械设备、材料的各项准备，确保优质高效安全地完成施工任务。

（1）技术准备　技术准备包括以下内容：在预制构件安装施工前，应编制专项施工方案，并根据设计要求，对各工况进行施工预算和施工技术交底；安装施工前对施工作业工人进行安全作业培训和技术交底；吊装前应合理安排吊装顺序，结合施工现场情况，依据先外后内、先低后高的原则，绘制吊装作业流程图，方便吊装机械行走；根据施工组织设计的要求，划定危险作业区域，在主要施工部位、作业点、危险区设置醒目的警示标志。

（2）现场条件准备　现场准备包括以下内容：检查构件的套筒或浆锚孔是否堵塞并清理，用手电筒补光检查，发现异物用气体将异物清除；清理构件连接部位的浮灰和杂物；对于柱子、剪力墙板等竖直构件，安装好调整标高的支垫和准备好斜支撑等部件；对于叠合楼板、梁、阳台板、挑檐板等水平构件，架立好竖向支撑；伸出钢筋采用机械套筒连接时，须在吊装前在伸出钢筋端部套上套筒；外挂墙板安装节点连接部件的准备，如果需要水平牵引，应进行牵引葫芦吊点设置、工具准备等；检验预制构件质量和性能是否符合现行国家规范要求；所有构件吊装前应做好截面控制线，方便吊装过程中调整和检验，有利于质量控制；安装前，复核测量放线及安装定位标识。

（3）机具及材料准备　机具及材料准备包括以下内容：熟悉掌握起重机械吊装参数及相关说明（如吊装名称、数量、单件质量、安装高度等参数），并检查起重机械性能；安装前应对起重机械设备进行试车检验并调试合格；根据预制构件形状、尺寸及重量要求选择适宜的吊具，尺寸较大或形状复杂的构件应设置分配梁或分配桁架的吊具，并应保证吊车主钩位置、吊具及构件重心在竖直方向重合；准备牵引绳等辅助工具、材料，并确保其完好性，特别是注意绳索是否有破损、吊钩卡环是否有问题等；准备好灌浆料、灌浆设备、工具，调试灌浆泵。

2. 预制柱安装

在生产阶段，生产效率影响着装配式施工的进度，而生产效率又与装配材料供应情况、使用现代化的设备有关。准备好模板之后，将模板清理干净，确保无杂物之后，安装模板。模板固定在插接件上，科学安置预埋件，固定侧模板，浇筑混凝土。施工完成后，需进行彻底的检查，以确保管道没有堵塞。在施工过程中，应加强对现场人员的管理，确保施工质量。

（1）安装施工流程　安装施工流程如下：预制柱进场验收→标高找平→竖向预留钢筋校正→预制柱吊装就位→柱安装及校正→灌浆施工。

（2）预制柱安装要求　预制柱安装应符合下列要求：安装前应校核轴线、标高以及连接钢筋的数量、规格、位置；预制柱安装就位后，在两个方向应采用可调的斜撑作临时固定，进行垂直调整，并在柱子四角缝隙处加塞垫片；预制柱的临时支撑应在套筒连接器内的灌浆料强度达到设计要求后拆除，当设计无具体要求时，混凝土或灌浆料应达到设计强度的75%以上后方可拆除。

（3）主要安装工艺　预制柱主要安装工艺包括标高找平、竖向预留钢筋校正、预制柱吊装、预制柱的安装及校正、灌浆施工。

1）标高找平。预制柱安装施工前，通过激光扫平仪和钢尺检查楼板面平整度，用铁制垫片使楼层平整度控制在允许偏差范围内。

2）竖向预留钢筋校正。安装施工前，在构件和已完成结构上进行测量放线，设置安装定位标志，根据所弹出柱线，采用钢筋限拉框，对预留插筋进行位置复核，确保预制柱连接的质量。

3）预制柱吊装。预制柱的吊装方法有旋转法、滑行法等。塔式起重机缓缓持力，将预制柱吊离存放架，然后快速运至预制柱安装施工层。在预制柱就位前，应清理柱安装部位基层，然后将预制柱缓缓吊运至安装部位的正上方。

4）预制柱的安装及校正。塔式起重机将预制柱下落至设计安装位置，基座部分预留钢筋套筒，将下一层预制柱的竖向预留钢筋插入到预制柱底部的套筒中，注入混凝土以实现连接，吊装就位后，立即加设不少于2根的斜支撑，使其对预制柱起到临时固定作用。预制柱的安装及校正如图11-5所示。斜支撑与楼面的水平夹角不应小于60°。

图11-5　预制柱的安装及校正

5）灌浆施工。灌浆作业应按产品要求计量灌浆料和水的用量，并搅拌均匀，搅拌时间从开始加水到搅拌结束应不少于

5min，然后静置2~3min，每次拌制的灌浆料拌合物应当进行流动度的检测，且其流动度应符合设计要求，搅拌后的灌浆料应在30min内使用完毕。

3. 预制墙板安装

预制墙板在工厂完成浇筑和养护，然后在施工现场进行安装和节点现浇，现场施工工序减少，这大大提高了施工效率。预制墙板根据承重类型可分为预制外挂墙板和预制剪力墙两种。

（1）墙板安装流程　墙板安装流程如下：基础清理→定位放线→封浆

预制墙板安装

条及垫片安装→预制墙板吊装→预留钢筋插入就位→墙板调整校正→墙板临时固定→砂浆塞缝→PCF 板吊装固定→连接节点钢筋绑扎→套筒灌浆→连接节点封模→连接节点混凝土浇筑→接缝防水施工。

（2）墙板安装要求　墙板安装应符合下列要求：预制墙板安装应设置临时斜撑，每件预制墙板安装过程的临时斜撑应不小于板高的 1/2，斜支撑的预埋件安装、定位应准确；预制墙板安装时应设置底板限位装置，每件预制墙板底部限位装置不少于 2 个，间距不宜大于 4m；临时固定措施的拆除应在预制构件与结构可靠连接，且装配式混凝土结构能达到后续施工要求后进行。

预制墙板安装过程应符合以下要求：构件底部应设置可调整接缝间隙和底部标高的垫块；钢筋灌浆套筒连接、钢筋锚固搭连接灌浆前应对接缝周围进行封堵；墙板底部采用坐浆时，其厚度不宜大于 20mm；墙板底部应分为灌浆，分区长度为 1~1.5m。

预制墙板校核与调整应符合以下要求：预制墙板安装垂直度应满足外墙板面垂直为主；预制墙板拼缝校核与调整应以竖缝为主、横缝为辅；预制墙板阳角位置相邻的平整度校核与调整，应以阳角垂直度为基准。

（3）墙板安装工艺　墙板安装工艺包括定位放线、调整偏位钢筋、预制墙体吊装就位、安装斜向支撑及底部限位装置。

1）定位放线。在楼板上根据图纸及定位轴线放出预制墙体定位边线及 200mm 控制线，同时在墙体吊装前，在预制墙体上放出 500mm 水平控制线，便于预制墙板安装过程中精确定位，定位放线如图 11-6 所示。

2）调整偏位钢筋。使用自制钢筋定位控制钢套板对板面预留竖向钢筋进行复核，检查预留钢筋位置、垂直度、钢筋预留长度是否准确，对不符

图 11-6　定位放线

合要求的钢筋进行矫正，偏位的要及时进行调整，确保上层预制墙体内的套筒与下一层的预留插筋能够顺利对孔。

3）预制墙体吊装就位。预制墙板吊装时，为保证墙体构件整体受力均匀，采用专用吊梁，由 H 型钢焊接而成，根据各预制构件吊装时不同尺寸和不同的起吊点位置，设置模数化吊点，确保预制构件在吊装时吊装钢丝绳保持竖直。专用吊梁下方设置专用吊钩，用于悬挂吊索，进行不同类型预制墙体的吊装。

预制墙体吊装过程中，在距楼板面 1000mm 处减缓下落速度，由操作人员引导墙体降落，操作人员利用镜子观察连接钢筋是否对孔，直至钢筋与套筒全部连接（预制墙体安装时，按顺时针依次安装，先吊装外墙板，后吊装内墙板）。镜子的使用便于操作工人对预制墙体实现精确安装。

4）安装斜向支撑及底部限位装置。预制墙体吊装就位后，先安装斜向支撑用于固定调

节预制墙体，确保预制墙体安装垂直度；再安装预制墙体底部限位装置"7字码"，用于加固墙体与主体结构之间的连接，确保后续灌浆与暗柱混凝土浇筑时不产生位移。墙体靠尺校核其垂直度，以确保构件的水平位置及垂直度均达到允许误差为 5mm 之内，相邻墙板构件平整度误差±5mm，最后固定斜向支撑及七字码。垂直度校正及支撑安装如图 11-7 所示。

4. 预制梁安装

（1）预制梁安装施工流程　预制梁安装主要施工流程如下：预制梁进场验收→按图放线→设置梁底支撑→预制梁起吊→预制梁就位微调→接头连接。

（2）预制梁安装要求　预制梁安装应符合下列要求：梁吊装顺序应遵循先主梁后次梁，先低处后高处的原则；预制梁安装就位后应对水平度、安装位置、标高进行检查；梁安装时，主梁和次梁伸入支座的长度应符合设计要求；预制次梁与预制主梁之间的凹槽应在预制楼板安装完成后，采用不低于预制梁混凝土强度等级的材料填实；梁吊装前柱核心区内先安装一道柱箍筋，梁就位后再安装两道柱箍筋，之后才可进行梁、墙吊装，以保证柱核心区质量。

图 11-7　垂直度校正及支撑安装

（3）主要安装工艺　主要安装工艺包括定位放线、支撑架搭设、预制梁吊装、预制梁微调定位、接头连接。

1）定位放线。定位放线用水平仪测量并修正柱顶与梁底标高，确保标高一致，然后在柱上弹出梁控制线。

2）支撑架搭设。梁底支撑采用"钢立杆支撑+可调顶托"，可调顶托上铺设长×宽为 100mm×100mm 的方木，预制梁的标高通过支撑体系的顶丝来调节。临时支撑位置应符合设计要求；若设计无要求，当长度小于或等于 4m 时应设置不少于 2 道垂直支撑，当长度大于 4m 时应设置不少于 3 道垂直支撑。

叠合梁应根据构件类型、跨度来确定后浇混凝土支撑件的拆除时间，强度达到设计要求后方可承受全部设计荷载。

3）预制梁吊装。预制梁一般用两点吊，预制梁两个吊点分别位于梁顶两侧距离两端 0.2L 位置（L 为梁长），由生产构件厂家预留。

4）预制梁微调定位。当预制梁初步就位后，两侧借助柱上的梁定位线将梁精确校正。梁的标高通过支撑体系的顶丝来调节，调平同时需将下部可调支撑上紧，这时方可松去吊钩。

5）接头连接。预制梁实现装配和完整度一般需要分两步进行：第一步，在预制工厂内进行浇筑，利用模具，将钢筋和混凝土浇筑成型，并且预留好连接节点；第二步，在施工现场进行浇筑，由于梁作为起到关键性连接作用的结构构件，一般是通过节点现浇方式实现连接，故在施工现场当预制楼板搁置在预制梁上时，再次浇捣梁上部混凝土，实现楼板和梁连接的整体性。混凝土浇筑前应将预制梁两端键槽内的杂物清理干净，并提前 24h 浇水湿润。

5. 叠合楼板安装

叠合板安装时要注意工作层间距为 300mm，需严格按照流程进行。若有不足之处，要采取措施改进，纠正安装过程中的错误。需要保护叠合板，小心搬运，避免材料间碰撞，造成材料损失。在安装叠合板时，还应在底部放置支撑，安装好叠合板后移除。安装好后，浇筑混凝土，在完全硬化后，检查叠合板强度，如果测试强度超过 70%，则满足要求。

（1）叠合楼板安装施工流程　叠合楼板安装主要施工流程如下：叠合板进场验收→搭设板底独立支撑→叠合板吊装→叠合板就位→叠合板校正定位。

（2）叠合楼板安装要求　叠合楼板安装应符合下列要求：预制构件叠合楼板施工时，借助专门的吊装技术，确保施工作业过程中的安全性。通常使用塔式起重机施工，另外在一些多层建筑施工时也常选择移动式汽车起重机。叠合板吊装过程中，应合理设置吊点，保证重心的稳定，避免吊装过程中出现晃动。

叠合板安装前应编制支撑方案，需考虑支撑本身的施工变形，且支撑标高应符合设计规定；支撑架采用可调工具式支撑系统，必须具有足够的强度、刚度和稳定性。

叠合板底支撑间距不应大于 2m，每根支撑之间高差不大于 2mm，标高偏差不应大于 3mm，悬挑板外端比内端支撑宜调高 2mm；叠合楼板安装前应复核预制板构件端部和侧边的控制线以及支撑搭设情况是否满足要求；叠合楼板安装前通过微调垂直支撑来控制水平标高；叠合楼板安装时应保证水电预埋管孔位置准确。

叠合楼板吊制梁，墙上方 30~50cm 厚，调整位置时，应把锚固筋与梁箍筋错开，根据梁墙上已放出的板边和板端控制线，准确就位，偏差不得大于 2mm，累积误差不得大于 5mm，板就位后调节支撑立杆，确保所有立杆全部受力。

叠合楼板吊装顺序依次铺开，不宜间隔吊装，在混凝土浇筑前，应校正预制构件的外露钢筋，外伸预留钢筋伸入支座时，预留筋不得弯折。

相邻叠合楼板间拼缝及预制楼板与预制墙板位置拼缝应符合设计要求并有防止裂缝的措施，施工集中荷载或受力较大部位应避开拼接位置。

（3）主要安装工艺　主要安装工艺包括定位放线、板底支撑架搭设、叠合楼板起吊就位、叠合楼板校正定位。

1）定位放线。预制墙体安装完成后，由测量人员根据叠合楼板板宽放出独立支撑定位线，同时根据叠合板分布图及轴网，利用经纬仪在墙体上方出板缝位置定位线，南风定位线允许误差±10mm。

2）板底支撑架搭设。支撑架体应具有足够的承载能力、刚度和稳定性，应能可靠地承受混凝土构件的自重和施工过程中所产生的荷载及风荷载，支撑立杆下方铺 50mm 厚木板。确保支撑系统的间距及距离墙、柱、梁边的净距符合系统验算要求，上下层支撑应该在同一直线上。在可调节顶撑上架设方木，调节方木顶面至板底设计标高，开始吊装预制楼板。

3）叠合楼板起吊就位。吊装时，为保证楼板受力均匀，应根据叠合板跨度合理确定吊点数量。叠合板吊装过程中，在作业层上空 500mm 处减缓降落，由操作人员根据板缝定位线，引导楼板降落至独立支撑上，及时检查板底与预制叠合梁或剪力墙的接缝是否到位，预制楼板钢筋深入墙长度是否符合要求，直至吊装完成。叠合楼板吊装如图 11-8 所示。

叠合楼板吊装

4）叠合楼板校正定位。根据预制墙体上水平控制线及竖向板缝定位线，校核叠合板水平位置及竖向标高情况，通过调节竖向独立支撑，确保叠合板满足设计标高要求；调节叠合板水平位移，确保叠合板满足设计图水平分布要求。叠合楼板校正定位如图 11-9 所示。

图 11-8　叠合楼板吊装　　　　　　　　　图 11-9　叠合楼板校正定位

6. 预制楼梯安装

（1）预制楼梯安装施工流程　预制楼梯安装施工流程如下：预制楼梯进场验收→定位放线→清理安装面、设置垫片及坐浆料施工→预制楼梯吊装→预制楼梯校正→楼梯端支座固定。

（2）预制楼梯安装要求　预制楼梯安装应符合以下要求：预制楼梯安装前在休息平台的提梁上预留钢筋或者螺栓，并在休息平台及其侧墙上施放标高位置控制线，按照标高控制线进行安装、调整并验收；预制楼梯支撑应有足够的强度、刚度及稳定度，楼梯就位后调节支撑立杆，确保所有立杆全部受力；预制楼梯吊装应保证上下高差相符，顶面和底面平行；预制楼梯安装位置准确，采用预留锚固钢筋方式安装时，应先放置楼梯，再与现浇梁或板浇筑连接成整体，并保证预埋钢筋锚固长度和定位符合设计要求。

（3）主要安装工艺　主要安装工艺包括放线定位、预制楼梯吊装。

1）放线定位。楼梯间周边梁板叠合层混凝土浇筑完工后，测量并弹出相应楼梯构件端部和侧边的控制线。

2）预制楼梯吊装。预制楼梯吊装采用水平吊装，一般采用四点吊，手拉葫芦下落就位后，调整索具铁链长度，使楼梯段休息平台处于水平位置。首先试吊预制楼板，检查吊点位置是否准确，吊索受力是否均匀等，试点吊高度不应超过 1m。待预制楼梯吊至梁上方 30~50cm 后，调整预制楼梯位置使上、下平台锚固筋与梁箍筋错开，使得楼梯位置板边线基本与控制线吻合。最后根据已放出的楼梯控制线,用撬棍辅助进行微调、校正,让构件根据控制线精确就位,先保证楼梯两侧准确就位,再使用水平尺和手拉葫芦调节楼梯水平,预制楼梯吊装如图 11-10 所示。

图 11-10　预制楼梯吊装

预制楼梯吊装

11.3.2　构件安装质量控制

装配式建筑与传统建筑的最主要区别在于装配构件体积大、安装精度高,安装阶段出现问题处理困难,甚至造成重大损失,因此安装前的准备工作要慎之又慎。

1. 装配施工前的质量控制要点

(1) 工艺检验　预制墙板施工前必须进行钢筋灌浆套筒连接接头工艺检验,工艺检验必须在与施工同样条件情况下制样,并标准养护 28d。同时,预制墙板和现场安装都必须使用工艺检验合格的钢筋套筒、钢筋和配套材料,如果施工中更换钢筋套筒,则必须重新做工艺检验、套筒进场检验。

(2) 连接节点　对于采用钢筋灌浆套筒连接的装配式剪力墙结构,预制墙体连接转换部位预埋钢筋定位的准确性难度较大,也是直接影响预制墙板准确安装和施工进度的关键。必须提前编制详细可行的施工方案,设计、制作可保证准确的措施、工具。

(3) 碰撞检查　钢筋混凝土梁柱节点钢筋交错密集,节点空间小,很容易发生碰撞。因此要在设计时就考虑好各种钢筋的关系,直接设计出必要的弯折;吊装方案要按拆分设计考虑吊装顺序,吊装时则必须严格按吊装方案控制先后顺序。

2. 施工装配过程质量控制要点

(1) 构件进场　预制构件进场必须提前进行结构性能检验和实体检验。

(2) 结合面处理　装配整体式结构中预制构件和后浇混凝土、灌浆料、坐浆材料的结合面应设置粗糙面、键槽。常见结合面处理方法包括露骨料、拉毛、凿毛、键槽。结合面做法如图 11-11 所示,应详细复查其结合面是否达到规范和设计要求。

图 11-11 结合面做法

a）露骨料 b）拉毛 c）凿毛 d）键槽

11.4 构件连接施工

构件连接施工是指装配式结构中相邻构件之间，通过可靠的连接技术和方式形成整体受力结构的连接施工。以装配式混凝土结构连接为例，预制混凝土构件的连接施工，主要是指装配式混凝土结构中相邻构件之间通过可靠的连接技术和方式形成整体受力结构的连接施工。其中，主要的连接形式是受力钢筋的连接，以及相邻构件之间的缝隙采用后浇混凝土连接。钢筋连接类型主要有灌浆套筒连接、直螺纹套筒连接、钢筋浆锚连接、螺栓连接、预留孔洞搭接连接等。以下重点介绍钢筋灌浆套筒连接技术、浆锚搭接连接和现浇部位连接技术。

11.4.1 钢筋灌浆套筒连接技术

钢筋灌浆套筒连接是装配式混凝土建筑中目前竖向构件连接应用最广泛，也是最安全最可靠的连接方式。钢筋灌浆套筒连接可分为湿式连接和干式连接。湿式连接是指运用流体材料参与连接，包括全灌浆套筒连接，半灌浆套筒连接、钢筋浆锚连接、注胶连接等。目前使用最多的是全灌浆套筒连接和半灌浆套筒连接。干式连接指的是连接过程进行干处理的连接方式，包括直螺纹套筒连接、锥螺纹套筒连接、螺栓连接等。

装配式混凝土结构构件的钢筋连接主要是采用钢筋灌浆套筒连接，套筒灌浆是内腔带沟槽的钢筋套筒插入带肋钢筋，然后在套筒中灌注专用高强、无收缩灌浆料，灌浆料具有微膨胀作用，通过灌浆料的传力作用，实现钢筋与套筒的连接，形成整体，连接能使其强度高于钢筋母材的强度。

1. 钢筋灌浆套筒连接

（1）半灌浆套筒连接　半灌浆套筒连接形式是一端采用钢筋套丝机械连接，另一端插入钢筋灌浆连接。半灌浆接头主要用于预埋在预制构件中，因为其在预制构件模具及工装中能够居中定位，故在装配式混凝土剪力墙结构中的剪力墙竖向钢筋连接中得到了普遍应用。半灌浆套筒连接如图 11-12 所示。

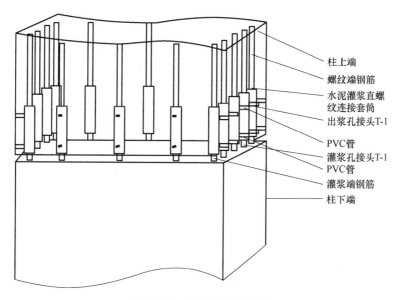

图 11-12　半灌浆套筒连接

半灌浆套筒连接可连接 HRB335 级和 HRB400 级带肋钢筋，连接钢筋直径范围为 ϕ12mm ~ ϕ40mm，机械连接段的钢筋丝头加工、连接安装、质量检查应符合行业标准《钢筋机械连接技术规程》（JGJ 107—2016）的有关规定。

半灌浆套筒连接的特点如下：

1）外径小，对剪力墙、柱都适用。

2）与全灌浆套筒相比，半灌浆套筒长度能显著缩短（约 1/3），现场灌装工作量减少，灌浆难度明显降低。

3）工厂预制时，半灌浆套筒安装固定也比全灌浆套筒相对容易。

4）半灌浆套筒适应于竖向构件连接。

（2）全灌浆套筒连接　全灌浆套筒连接形式是套筒两端插入带肋钢筋，然后通过注入灌浆以实现连接，主要用于两个构件在后浇段的连接，以便于钢筋装配插入，全灌浆套筒连接如图 11-13 所示。

全灌浆套筒的特点如下：

1）适用广，可用于竖向墙板、梁、柱等。

2）全灌浆套筒构造较简单，易于生产，且施工操作简单，灌浆操作易学，易于普及。

3）对钢筋有较好的限位，避免施工偏差。

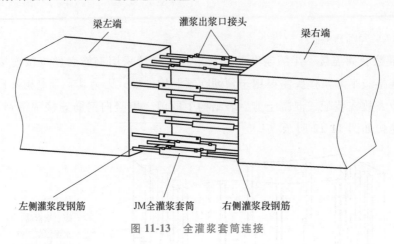

图 11-13　全灌浆套筒连接

2. 钢筋灌浆套筒连接套筒

钢筋灌浆套筒连接套筒按材料进行分类有两种，一种是钢制灌浆套筒，还有一种是球墨铸铁灌浆套筒，不同材质的套筒需根据不同需求来使用。两种套筒分别如图 11-14 和图 11-15 所示。

图 11-14　机加工钢制灌浆套筒

图 11-15　球墨铸铁灌浆套筒

3. 钢筋灌浆套筒连接用高强灌浆料

高强灌浆料是以水泥为基本材料，配以细骨料，外加剂材料组成的干混料。高强灌浆料加水搅拌后具有良好的流动性，具有早强、高强、微膨胀等性能，填充于套筒和带肋钢筋间隙内，28d 抗压强度可达 120MPa。

4. 钢筋套筒灌浆工艺

（1）钢筋套筒灌浆工艺　竖向承重构件灌浆套筒连接所采取的灌浆工艺主要分为分仓灌浆法和坐浆灌浆法，其主要工艺流程：构建接触面凿毛→分仓/坐浆→安装钢垫片→吊装预制构件→灌浆作业。其作业方式如下：

1）分仓法。分仓法是将建筑物的地基或者大面积的混凝土平面结构划分为若干区域，隔一段浇一段。竖向预制构件安装前已采用分仓法灌浆，分仓应采用坐浆料或封浆海绵条进行分仓，分仓长度不应大于 1.5m，接缝处按施工缝要求来设置及处理，分仓时应确保密闭空腔，不应漏浆。

2）坐浆法。竖向预支构件安装前可采用坐浆法灌浆，坐浆法是采用坐浆料将构件与楼板之间的缝隙填充密实，然后对预制竖向构件进行逐一灌浆，坐浆料强度应大于预制墙体混凝土强度。

3）灌浆作业。灌浆料从下排孔开始灌浆，待灌浆料从上排孔流出时，封堵上排流浆孔，直至封堵最后一个灌浆孔后，持压 30s，确保灌浆质量。

（2）全灌浆套筒灌浆工艺　预制梁、柱构件全灌浆套筒灌浆，一般应采用压降法，其主要工艺流程：临时支撑及放线→水平构件吊装→检查定位→调节套筒→灌浆作业。其作业方式如下：

1）安装前，应测量并修正柱顶和临时支撑标高，确保和梁构件底标高一致。柱上应弹出梁边控制线，根据控制线对梁端、梁轴线进行精密调整，误差控制应在 2mm 以内。

2）梁吊装就位，应遵循先主梁、后次梁，先低后高的原则。对水平度，安装位置，标高进行检查，且安装时构件伸入支座的长度与搁置长度应复核设计要求。

3）调节套筒，先将灌浆套筒全部套在一侧构件的钢筋上，将另一侧构件吊装到位后，移动套筒位置，使另一侧钢筋插入套筒，保证两侧钢筋插入长度达到设计值。从灌浆套筒灌浆孔注浆，当出浆孔出口开始向外溢出灌浆料时，应停止灌浆，立即塞入橡胶塞进行封堵。

11.4.2　浆锚连接技术

浆锚连接是指在预制构件中预留孔洞，孔洞内壁是螺旋形。将受力钢筋插入预留孔洞中，再注入高强、微膨胀灌浆料，这种技术可以使预埋在构件中的受力钢筋与插入孔道的钢筋进行搭接，实现钢筋间应力的传递，形成整体。目前，浆锚搭接有钢筋约束浆锚连接、金属波纹管浆锚连接两种方式，主要运用于剪力墙竖向分布钢筋的连接。

（1）钢筋约束浆锚连接　在有螺旋箍筋约束的孔道进行搭接的技术称为钢筋约束浆锚搭接连接。

（2）金属波纹管浆锚连接　将墙板主要受力钢筋插入到一定长度的钢套筒或者预留金属波纹管孔洞中，再灌入高性能灌浆料，形成钢筋搭接连接接头。

11.4.3　现浇部位连接技术

提高装配式建筑施工效率和质量不仅在于提升预制构件的装配施工等技术，还需提升现场浇筑部位施工的钢筋绑扎、支撑搭设、模板施工、混凝土浇筑等施工工艺。

1. 现场钢筋施工

装配式结构现场钢筋施工主要集中在预制梁柱节、墙板现浇节点部位以及楼板、阳台叠合部位，工程项目编制的钢筋施工方案或专项方案中应体现此部分内容。

（1）预制柱现场钢筋施工　预制梁、柱节点处的钢筋定位及绑扎对后期预制梁、柱的吊装定位至关重要，预制柱的钢筋应严格根据深化图纸中的预留长度及定位装置尺寸下料，预制柱的箍筋及纵筋绑扎时应先根据测量放线的尺寸进行初步定位，再通过定位钢筋进行精细定位，为了避免预制柱钢筋接头在混凝土浇筑时被污染，应采取保护措施对钢筋接头进行保护。

（2）预制梁现场钢筋施工　预制梁现场钢筋施工工艺应结合现场钢筋工人的施工技术难度进行优化调整。由于预制梁箍筋分为整体封闭箍和结合封闭箍，封闭部分将不利于纵筋的穿插，为不破坏箍筋结构，现场工人被迫从预制梁端部将纵筋插入，这将大大增加施工难度。为避免以上问题，建议预制梁箍筋在设计时暂时不做成封闭形状，可等现场施工工人将纵筋绑扎完后再进行现场封闭处理。

2. 预制墙板现场钢筋施工

（1）钢筋连接　竖向钢筋连接宜根据接头受力、施工工艺、施工部位等要求选用机械连接、焊接连接、绑扎搭接等连接方式，并应符合国家现行有关标准的规定。接头位置应设置在受力较小处。

（2）钢筋连接工艺流程　钢筋连接工艺流程如下：套暗柱钢筋→连接竖向受力筋→在对角主筋上画间距线→绑箍筋。

（3）钢筋连接施工　装配式剪力墙结构的暗柱节点类型主要有一字形，L 字形和 T 字形。由于两侧的预制墙板均有外伸钢筋，因此，暗柱钢筋的安装难度较大，需要在深化设计阶段及构件生产阶段对钢筋插穿顺序进行分析研究，并提出施工方案。

3. 模板现场加工

在装配式建筑中，现浇节点的形式与尺寸重复较多，适合采用铝模板或者钢模板，现场组装模板时，施工人员应对照模板设计图有计划地进行对号分组安装，对安装过程中的累计误差进行分析，找出原因后做相应的调整。模板安装完好后，质检人员应做验收处理，验收合格签字确认后方可进行下一道工序，墙体节点后浇混凝土模板如图 11-16 所示。

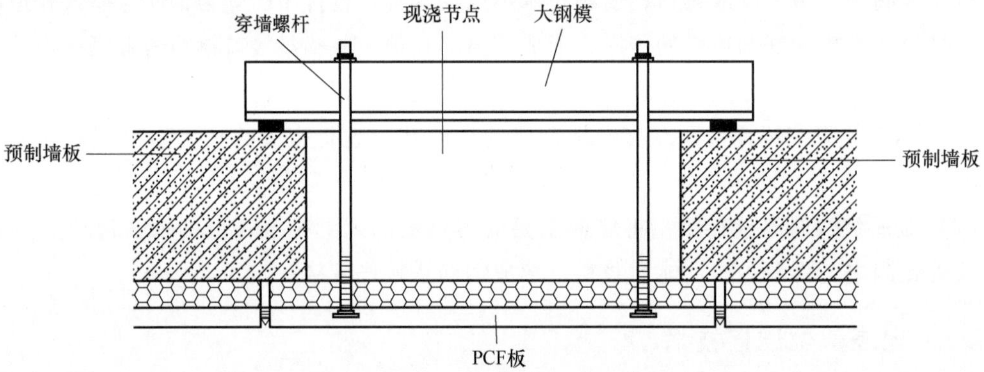

图 11-16　墙体节点后浇混凝土模板

4. 混凝土施工

（1）节点处　预制剪力墙节点处进行混凝土浇筑时，由于此处节点一般高度较高、长度较短、钢筋密集，浇筑时需边浇筑边振捣，应该格外重视此处的混凝土浇筑，浇筑在外观上很容易出现蜂窝、麻面、狗洞等现象，影响施工质量。

（2）叠合层处理　叠合层应具有良好的连接性能，故在混凝土浇筑前，对预制构件做粗糙面处理，并且浇筑部位应清理润湿。同时，检查验收浇筑部位的密封性，缝隙处应做密封处理，以免混凝土浇筑后水泥浆溢出对预支构件造成污染。

（3）叠合层混凝土浇筑　因为叠合层厚度较薄，所以使用平板振捣器振动，尽量使混凝土中的气泡溢出，以保证振捣密实，混凝土控制坍落度在 160~180mm，叠合板在进行混凝土浇筑考虑叠合板受力均匀，浇筑顺序可按照先内后外。

（4）浇水养护　预制块养护在养护区进行，养护宜在混凝土初凝之后进行，为避免覆盖物掉色而造成混凝土表面被污染，应采用无纺土工布洒水覆盖，要求保持混凝土湿润，养护 7d 以上。

11.5　装配施工质量控制与验收

11.5.1　预制构件质量控制与验收

1. 预制构件制作质量控制要点

（1）原材料质量控制　预制构件原材料质量、钢筋加工和连接的力学性能、混凝土强度、构件结构性能等要根据国家相关标准进行检验，其中灌浆套筒、保温材料、保温板连接件、受力型预埋件的抽样应全过程见证，对由热轧钢筋制成型的钢筋，当能提供原材料力学性能第三方检测报告时，可仅进行重量偏差检验。对于已入厂但不合格的产品，必须要求厂方单独存放，杜绝投入生产。

（2）模具质量控制　对模台清理、隔离剂喷涂、模具尺寸等做一般性检查；对模具各部件连接、预留孔洞及埋件的定位固定等做重点检查。

（3）钢筋及预埋件质量控制　对钢筋的下料、弯折等做一般性检查；对钢筋数量、规格连接及预埋件、门窗及其他部品部件的尺寸偏差做重点检查。

（4）构件出厂质量控制　预制构件出厂时，应对所有待出厂构件进行详细检验，预制构件检查项目包括外观质量、外形尺寸、钢筋、连接套筒、预埋件、预留孔洞、外装饰和门窗框。检查结果和方法应符合现行国家标准规定。构件外观质量不应有缺陷，对已经出现的严重缺陷应按技术处理方案进行处理并重新检验，驻厂监造人员应将上述过程认真记录并签字备案，预制构件经检查合格后，要及时标记工程名称，构件部位，构件型号及编号、制作日期、合格状态，生产单位等信息。

2. 预制构件进场质量控制要点

预制构件在工厂制作，然后在现场组装。构件组装时需要较高的精度，同时，由于每个构件具有唯一性，所以一旦某个构件存在缺陷，将会对工程质量、安全、进度等造成影响。预制构件进场验收是现场施工的第一个环节，对于构件质量控制至关重要。

（1）现场质量验收程序　预制构件进场时，在构件明显部位必须注明生产单位、构件型号、质量合格标识，预制构件外观不得存在有对构件受力性能、安装性能、使用性能有严重影响的缺陷，不得存有影响构件性能和安装、使用功能的尺寸偏差。施工单位应先进行检查，合格后再由施工单位会同构件厂、监理单位、建设单位联合进行进场验收。

（2）预制构件相关资料的检查　预制构件相关资料的检查包括预制构件合格证、预制构件性能检测报告、拉拔强度检验报告、技术处理方案和处理记录。其中，预制构件合格证是指预制构件出厂应带有证明其产品质量的合格证，预制构件进场时由构件生产单位随车人员移交给施工单位。预制构件性能检测报告是指梁板类受弯预制构件进场时应进行结构性能检验，检测结果应符合国家标准《混凝土结构工程施工质量验收规范》（GB 50204—2015）

中的相关要求。拉拔强度检验报告是指预制构件表面预贴饰面砖、石材等饰面与混凝土的黏接性能应符合设计和现行有关标准的规定。技术处理方案和处理记录要求对于出现一般缺陷的构件，应重新验收并检查技术处理方案和处理记录。

（3）预制构件外观质量的检查　预制构件进行验收时，应由施工单位会同构件厂监理单位联合进行进场验收。参与联合验收的人员主要包括施工单位工程、物资、质检、技术人员，构件厂代表，监理工程师等。

3. 预制构件安装质量控制

（1）施工现场质量控制流程　现场各施工单位应建立健全质量管理体系，确保质量管理人员数量充足，技能过硬，质量管理流程清晰，管理链条闭合，应建立并严格执行质量类管理制度，约束施工现场行为。

（2）施工现场质量控制要点　施工现场质量控制要点包括原材料进厂检验、预制构件安装、测量的精度控制、灌浆料的制备与套筒灌浆施工、安装精度控制、结合面平整度控制、后浇节点模板控制、外墙板接缝防水控制。

1）原材料进厂检验。现场施工所需的原材料、部品、构配件应按规范进行检验，对其外观质量、外形尺寸等进行验收。

2）预制构件安装。装配式结构施工前，应选择有代表性的单元板块进行预制构件的试安装，并根据安装结果及时调整完善施工方案。

3）测量的精度控制。吊装前须对所有吊装控制线进行认真的复检，构件安装就位后须由项目部质检员会同监理工程师验收构件的安装精度，安装精度经验收签字合格后方可浇筑混凝土。

4）灌浆料的制备与套筒灌浆施工。灌浆施工前对操作人员进行培训，规范灌浆作业操作流程，熟练掌握灌浆操作要领及其控制要点，对灌浆料应先进行灌浆料流动性检测，留置试块，然后才可以进行灌浆。检测不合格的灌浆料则需重新制备。

5）安装精度控制。强化预制构件吊装校核与调整。构件安装后应对安装位置、安装标高、垂直度、累计垂直度进行校核与调整；对于相邻预制板类构件，应对相邻预制构件平整度、高差、拼缝尺寸进行校核与调整，装饰类构件应对装饰面的完整性进行校核与调整。

6）结合面平整度控制。预制墙板与现浇结构表面应清理干净，不得有油污、浮灰、粘贴物等，构件剔凿面不得有松动的混凝土碎块和石子，严格控制混凝土板面标高，误差控制在规定范围内。

7）后浇节点模板控制。混凝土浇筑前，模板或连接缝隙用海绵条封堵。与预制墙板连接的现浇短肢剪力墙模板位置、尺寸应准确，固定牢固，防止偏位。宜采用铝合金模板，并使用专用夹具固定，提高混凝土观感质量。

8）外墙板接缝防水控制。所选用防水密封材料应符合相关规范要求；拼缝宽度应满足设计要求，宜采用构造防水与材料防水相结合的方式。

11.5.2　装配施工验收

装配式混凝土建筑施工应按现行国家标准的有关规定进行单位工程、分部工程、分项工程和检验批的划分和质量验收。装配式混凝土建筑的装饰装修、机电安装等分部工程应按国家现行标准的有关规定进行质量验收。验收结果及处理方式如下：

1. 装配式混凝土结构工程施工质量验收应符合的规定

1）装配式混凝土结构所含分项工程质量验收应合格，应有完整的质量控制资料，观感质量验收应合格。结构实体检验结果应符合《混凝土结构工程施工质量验收规范》的要求。

2）当混凝土结构施工质量不符合要求时，应按下列规定进行处理：经返工、返修或者更换构件、部件的，应重新进行验收；经有资质的检测机构按国家现行标准检测鉴定达到设计要求的，应予以验收；经有资质的检测机构按国家现行相关标准检测鉴定达不到设计要求，但经原设计单位核算并确认仍可满足安全和使用功能的，可予以验收；经返修或加固处理能够满足结构可靠性要求的，可根据技术处理方案和协商文件进行验收。

2. 装配式混凝土结构工程施工质量验收时应提供的文件和记录

1）工程设计文件、预制构件深化设计图、设计变更文件。

2）预制构件、主要材料及配件的质量证明文件、进场验收记录、抽样复验报告。

3）钢筋接头的试验报告。

4）预制构件制作隐蔽工程验收记录。

5）预制构件安装施工记录。

6）钢筋套筒灌浆等钢筋连接的施工检验记录。

7）后浇混凝土和外墙防水施工的隐蔽工程验收文件。

8）后浇混凝土、灌浆料、坐浆材料强度监测报告。

9）结构实体检验记录。

10）装配式结构分项工程质量验收文件。

11）装配式工程的重大质量问题的处理方案和验收记录。

12）其他必要的文件和记录（宜包含 BIM 交付资料）。

13）装配式混凝土结构工程施工质量验收合格后，应将所有的验收文件存档备案。

 知识归纳

1. 装配式建筑施工组织设计的主要内容包括编制说明及依据、工程特点分析、工程概况、工程目标、施工组织安排、施工准备、施工总平面布置、施工技术方案、相关保证措施。

2. 施工组织安排可以分为总体安排和分阶段安排。

3. 施工场地平面布置的重点既要考虑满足现场施工需要的材料堆场，又要为预制构件吊装作业预留场地。

4. 项目的进度管控从进度事前控制、事中控制、事后控制三方面对装配式建筑项目的进度进行把控，实现计划、实施、调整的完整循环。

5. 对项目设计、构件生产、现场准备三个阶段进行协调，以实现进度的按时推进。

6. 装配式建筑可以在施工过程中针对不同工序组织穿插作业，有效提高项目的整体效率和效益。

7. 对施工现场进行管理，构件吊装进度和典型施工作业穿插应符合实际工程情况进行

装配式建筑概论

合理安排，同时为保证工期进度，对于项目的管理、资源、经济进行要求，保证工程各阶段目标按时完成。

8. 装配式建筑的劳动力相较于传统劳动力在组织和管理方式上发生了很大变化，在减少了一些施工工种之外，还增加了例如构件堆放管理员、信息管理员、构件安装工、灌浆工等工种，有必要对作业人员进行劳动力组织技能培训。

9. 施工材料、预制构件需符合有关设计、标准的要求，对于各种材料、工装系统进场的搬运、存储、保管及分发应进行相应的管理。

10. 机械设备选型依据工程特点、施工量、施工条件、施工机械需用量等进行选择，而装配式建筑吊运设备的选型应综合各方面因素进行考虑。

11. 装配式混凝土结构形式主要有装配式混凝土框架结构、装配式混凝土剪力墙结构，结构形式不同，则施工流程也有很大差异。构件安装施工需要做好安装前准备，确保施工精度，避免安全隐患，再进行预制柱安装、预制墙板安装、预制梁安装、叠合楼板安装、预制楼梯安装等相关安装工艺。

12. 对于装配式建筑安装阶段如出现问题处理困难，导致重大损失的情况，对于装配施工前和装配过程中进行质量控制。

13. 套筒灌浆是将带肋钢筋插入内腔带沟槽的钢筋套筒，然后灌入专用高强、无收缩灌浆料，通过灌浆料的传力作用将钢筋与套筒连接形成整体，达到高于钢筋母材强度连接效果的一种技术。钢筋灌浆套筒连接形式可以分为半灌浆套筒连接和全灌浆套筒连接。

14. 装配式建筑现场浇筑部位的钢筋绑扎、支撑搭设、模板施工、混凝土浇筑等施工工艺需得到提升。

15. 对预制构件制作质量、预制构件进场质量、预制构件安装质量三个阶段控制，保证构件质量满足工程需求，装配式建筑施工完成后，应按照国家标准相关规定进行质量验收，工程项目质量验收应满足相关规定，验收后，提供相应文件和记录，对不满足施工质量规定的，应采取相应处理措施。

习 题

1. 装配式建筑施工平面布置的影响因素有哪些？
2. 如何保障装配式建筑的施工进度？
3. 装配式建筑与传统建筑在施工阶段的劳动力组织管理有什么区别？
4. 如何控制装配式建筑施工的构件安装质量？
5. 什么是钢筋灌浆套筒连接技术？它有几种类型？各自的特点是什么？
6. 整体装配式混凝土剪力墙结构施工程序是怎样的？
7. 除了本章第11.4小节中介绍的钢筋灌浆套筒连接技术、现浇部位连接技术外，请以小组为单位搜索其他构件连接方式，制作PPT，并进行汇报，加深对构件连接施工方式的理解。
8. 将装配式建筑与现浇混凝土建筑进行比较，它们施工环节的不同主要体现在哪些方面？

第12章　BIM技术在装配式建筑中的应用

【本章目标】

1. 熟悉 BIM 技术在建筑各阶段的应用及各阶段间的协同应用。
2. 了解装配式建筑 BIM 应用流程与 BIM 在设计阶段的应用。
3. 掌握何为装配式 BIM 技术与 BIM 深化设计流程。

【重点、难点】

本章重点掌握 BIM 技术的深化设计过程、BIM 技术包括的内容。由于 BIM 软件的复杂多样，各专业甚至各软件的协同显得难以了解与掌握。装配式建筑作为新兴建筑，其借助的 BIM 技术的应用也显得尤为新颖。

■ 12.1　装配式建筑 BIM 简介

建筑信息模型（Building Information Modeling，BIM）集成了建筑设计、设施规划、施工及运维阶段的信息和管理技术，给建筑全生命周期内各参与方提供了各类信息共享的平台，而且可以实时更新。BIM 技术源于查克·伊士曼博士认为的模型可以包含建筑全生命周期的所有信息的想法。

BIM 技术是一种多维（如三维空间、四维时间、五维成本、N 维更多应用）模型信息集成技术，能够使工程建设的各个参与方（包括当地政府主管部门、业主、建筑设计、建筑施工、监理、建设成本控制、运营管理、项目用户等）在从项目的基本概念产生到全部建筑拆除的全生命周期内都能够进行信息系统建模和数据之前的交互运用，从根本上改变了从业人员使用符号、文字和图纸完成项目管理施工设计和经营管理的传统工作模式，实现了在建设项目全生命周期内提高工作效率和品质，以及降低工程误差和经营风险的目标。BIM 兼具高度可视化、协调性、模拟性、优化性和可出图性的特点，其核心内容是通过设计及构建建筑物三维模型，并透过数字化技术，为模型提供完整的建筑工程资料信息。

BIM 技术和装配式建筑的融合，是装配式建筑借助 BIM 技术对三维模型进行参数化设计的过程，装配式建筑的设计生产效率和工程质量都获得了提升，生产过程中实现了产业联动，使建筑信息化，并推进了建筑产业化，从而达到了智慧建造的设计理念。

■ 12.2 装配式建筑 BIM 应用流程

装配式建筑是将设计、生产、施工、装修和管理"五位一体"的、体系化和集成化的建筑，不同于"传统生产方式+装配化"的建筑用传统单一的工程设计、施工和管理方式实现组装化建设。

装配式建筑的基石和核心概念是"集成化"，"集成化"的重点则是 BIM 方法。这条主线串联起建筑设计、制造、建筑施工、装修和管理的整个过程，服务于工程策划、建筑设计、建筑施工、运营四大阶段的建筑的全生命周期（Building Lifecycle），可以数字化虚拟，信息化定义工程建设所有的系统要素，实现信息化协同设计、可视化装配，工程量信息的交互和节点连接模拟与检验等全新运用，融入建筑整体生产线，实现全过程、全方位的信息化集成。

一般人们将建筑的全生命周期划分为四个阶段，即规划阶段、设计阶段、施工阶段和运营阶段。在建筑的全生命周期中，规划阶段和设计阶段是在建筑项目定位的基础上，为使其功能、风格符合其定位，而对其进行比较具体的规划及总体上的设计。施工阶段的工程施工是建筑安装企业归集对工程成本核算的专用科目，是在建设工程设计文件的要求下，对建设工程进行改建、新建、扩建的活动。运营阶段则包含建筑物的操作、维护、修理、改善、更新以及物业管理等过程。

作为一项世界领先的工具与建造方式，BIM 技术改变了传统建筑的设计手段和方法，迈出了建筑行业领域革命性的一步。通过建立 BIM 信息技术平台，建筑行业的协同工作方式被全面革新。根据美国 BSA（Building Smart Alliance）对 BIM 信息技术在建筑的全生命周期的应用现状归纳总结，BIM 信息技术在工程项目全生命周期各阶段的重点应用如下：

（1）规划阶段　该阶段主要用于现状建模、成本预算、阶段规划、场地分析、空间规划等。

（2）设计阶段　该阶段一般用于对规划阶段设计方案展开讨论，一般涉及方案设计、工程技术分析、可持续性评估、标准与规范验证等。

（3）施工阶段　该阶段主要发挥与设计阶段三维配合协调的功能，包括场地使用规划、雇工系统设计、数字化工艺、材料及现场监控、三维管理与规划等。

（4）运营阶段　该阶段一般是对整个施工过程进行记录与建模，具体内容包括制订维护计划、进行建筑系统分析、资产管理、空间管理与跟踪、灾害控制等。

■ 12.3 BIM 在装配式设计阶段的应用

12.3.1 构件库建立

装配式建筑的典型特征是标准化的预制构件或部品部件先在生产工厂制造，然后运输到施工现场安装、组合，成为整体。装配式建筑设计要适应其特点，在传统的设计方法中是使用预制构件加工图来表达预制构件的设计，其他平面、立面图的表达还是传统的二维表达形式。在装配式建筑 BIM 应用过程中，往往需要以"预制构件模型"的方式来仿真模拟工厂生产过程，以进行系统集成设计和表达。这就需要建立预制装配式建筑的 BIM 构件库，通过预制装配式建筑 BIM 构件库的建设，进一步扩人 BIM 虚拟构件的规模、种类和尺寸，逐步构建标准化的预制构件库。

12.3.2　BIM 建模与设计

1. BIM 建模流程

BIM 建模工作贯穿于建筑工程全生命周期，为了满足建筑设计要求，将会进一步提升 BIM 建模的精确度。BIM 建模步骤如图 12-1 所示。

图 12-1　BIM 建模步骤

（1）建立网格及楼层线　建筑工程师在绘制建筑设计图、施工图时，网格以及楼层是其最主要的技术基础。放样、柱位等判断工作需依靠网格进行。现场施工人员需依靠网格才能找到地基上的正确位置。楼层线则为表达楼层高度的依据，也说明了梁位置、墙高度以及楼板位置，一般建筑事务所的设计大多将楼板与梁设计在楼层线以下，而墙则位于梁或楼板的下方。标高楼层线和轴网的绘制如图 12-2、图 12-3 所示。

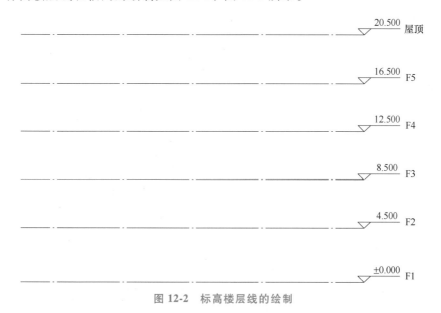

图 12-2　标高楼层线的绘制

（2）绘制 CAD 文档　使用绘制 CAD 文档这个程序可方便下一阶段建立柱、梁、板、墙的工作，可直接点选图或按图绘制。绘制 CAD 时应注意单位以及网格线是否与原 CAD 图一致。

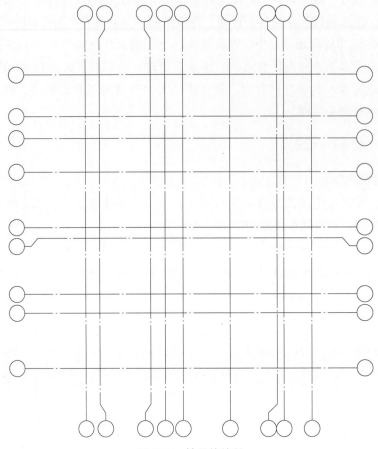

图 12-3　轴网的绘制

（3）建立柱、梁、板、墙等组件　将柱、梁、板、墙等构件依图放置到模型上，根据构件的不同类型选取合适的形式完成制图工作。梁、板、柱模型如图 12-4 所示。

（4）彩现图　彩现图是可视化交流的主要工具，当建筑师与业主商讨其建筑设计时，通过三维模型可以让业主直观看见建筑物的外观、空间意象，从而清楚知道建筑师的设计成果是否达到了业主要求。

（5）输出成 CAD 图及明细表　目前在新加坡等 BIM 技术使用较早的国家，其建管单位已经能接受建筑师提交 3D 建筑息模型作为审图的依据，但是在我国却无相关制

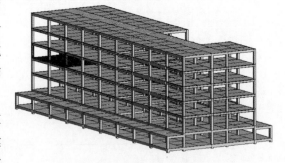

图 12-4　梁、板、柱模型

度，建筑师交给建管相关单位审核的资料仍以传统图样或 CAD 图居多，因此建筑信息模型是否能够输出成 CAD 图使用，也是重要环节。

2. BIM 设计

（1）参数化设计　参数化设计指的是先利用输入的参数构建基本 BIM 图元，然后利用

这些基本的图元拼装构成需要的建筑设计信息模型。在设计过程中，设计人员仅需要对构件参数进行修改，就能够完成建筑设计模型中所有该构件的修改，很大限度上提高了模型的创建和修改速度。

（2）构件关联性设计　参数化设计衍生发展出构件关联性设计。当建筑模型中的基本参数可以控制所有构件时，假设这些基本参数之间具有相关性，那么就实现了关联性设计。换言之，当建筑师修改某个构件时，建筑模型中的相应结构都将实现自动更新，而且这种更新都是相互关联的。

（3）协作设计　建筑信息模型为传统建筑工种和管理部门创造了一个良好的技术协作平台。以建筑师和结构师为主导，各专业的设计人员可以在一个平台上对建筑模型进行修改与设计，实现了专业间的实时沟通，实现进度协调、预算协调和运维协调。建筑信息模型还可以提前发现碰撞问题，对问题及时进行分析与调整。

12.3.3　建筑性能分析

建筑师可以通过 BIM 技术赋予虚拟建筑模型大量建筑信息，将建筑信息模型导入相关性能分析软件，就可得到相应分析结果，进行相应的性能优化。例如，建筑信息模型中所涉及的围护结构传热信息可以直接用来模拟分析建筑的能耗；玻璃穿透率等信息可以用来分析室内的自然采光等，这样就大幅地提高了绿色分析的效率。性能分析主要包括四个方面：能耗分析、光照分析、设备分析、绿色评估。

1. 能耗分析

能耗分析主要是进行计算和评估建筑能耗，从而实施能源优化。

2. 光照分析

通过模拟设计模型的自然采光得出室内自然采光效果，据此对建筑布局、饰面材质、围护结构进行调整以改善室内自然采光效果。

3. 设备分析

对管道、通风、负荷等机电设计中的输出模型、冷热负荷进行计算分析，同时进行舒适度的仿真模拟和气流组织模拟。

4. 绿色评估

对规划设计方案进行剖析和优化、节能设计与数据分析、建筑遮阳与太阳能运用分析、建筑采光与照明分析、建筑物室内环境自然通风分析、建筑室外绿化环境分析、建筑声环境分析以及建筑小区雨水收集与使用分析。

建设项目的景观可视度、日照、风环境、热环境、声环境等性能指标在研究前期就已经基本明确了，但是由于没有适当的手段，一般项目很难有时限和经费对以上各种性能指标展开多方案分析模拟，而 BIM 技术可为建筑物性能分析的广泛运用创造可能性。

（1）风环境模拟分析　风环境模拟分析包括室外风环境和室内自然通风。

1）室外风环境。为了提高住区内及建筑物周围人行区域的舒适性，通过调整规划方案建筑布局、景观绿化布置，改善住区流场布置、减小涡流和滞风现象，提高住宅区内环境质量；分析大风状况下，在哪些区域可能会由于狭管效应而产生安全隐患等。

2）室内自然通风。综合分析相关的总体设计方案，通过调节通风口方位、尺寸、建筑布局等改善室内空气流场的分布情况，进而促使室内气流进行有效的通风换气，以提高室内舒适度。

（2）热环境模拟分析　模拟分析住宅区的热岛效应，并利用对建筑单体结构设计、群体布局以及加强环境绿化等的优化方案，对热岛效应加以削弱。

（3）建筑环境噪声模拟分析　根据计算机模拟声环境的结果，改变模型中的建筑材质与室内装修，预测建筑声学改造方案的可行性。

（4）自然采光模拟分析　分析建筑设计方案的室内自然采光效果，通过调整建筑布局、饰面材料、围护结构的可见光透射比等，改善室内自然采光效果，并依据采光效果调整室内布局等。

12.3.4　预算分析

建筑的整个过程可以用模型进行预算分析。严格依据国标及地方标准，对模型、弯头、管线、配件等实施标准化设计，在估算时将系统、管材、材质等分开进行，这样才能得出完整的施工预算，为后期的施工决算提供参考性服务。

12.4　深化设计

12.4.1　深化设计前期准备

1. 分析方案、检查规范

在进行深化设计工作之前，对照相应规范仔细检查设计方案看是否存在违规之处。如果存在违规，要提前对方案进行修改，由于这种修改的工作量以及造成的其他工种的工作量都比较大，最好形成逐一检查规范的习惯。

2. 统一各专业

深化设计前期需统一各专业，包括室内外地板和内外墙的标准化做法、结构落差、门窗材料选择和工程绘图方法；确定体积并考虑相应的平面和高度表达，包括平面的绘制方式、高度和轴线位置。

12.4.2　深化工作

深化工作大致有两个流程：设计建模与图纸标注。

1. 专业碰头确定的主要事项

1）明确模型的划分形式，统一建模标准和命名方法。明确各专业在该阶段的建模深度。

2）结构专业要定出柱位。结构布置方案也是一个初步方案，截面尺寸需要通过具体的结构计算确定。所以结构专业设计人员可以暂估一下截面尺寸，并提供给建筑设计方。此过程有助于判断建筑方案在结构方面的合理性。

3）建筑专业要熟悉由设备专业提供的水、电、暖通管线的走线方案。经过与其他专业人士探讨，可以确定更加合理的建筑层高、设备用房位置、管道井的位置尺寸等。

2. 第一次提资需提供的关系准确的模型

建筑专业要完成不标注细部尺寸的基础模型，构件一定要画到位，这样就容易建成关系准确的模型。前面所做的一些基础性的工作，如统一作法、节点做法阜图，必须提供给其他专业人员，尤其是结构专业。

12.4.3　设计优化

设计优化一般的顺序如下：先根据其他专业的反馈和做详图过程中需要对模型进行调整。

（1）标注门窗洞口大小　内外门窗同时标注，将全部平面图都标注完再展开下一项工作，同项工作进行完再进行下一项。

（2）标注细部构件尺寸　最好也分步骤，如阳台、凸窗、立面造型等结构。

（3）节点索引　从上到下进行索引，同一位置的在平、立、剖面图上全部注释完成后再注释另一个位置的平、立、剖面图。

（4）图面文字索引　如楼梯、厨卫、立面材料、颜色标注、做法标注、层面做法的标注。

（5）门窗编号　进行这一步工作时需要同时关注平、立、剖面图，用云线在图纸上标注出有出入的地方，可以与节点设计同时进行。

12.4.4　深化设计模型

深化设计模型宜包括土建结构、钢结构、管线综合、玻璃幕墙等子模型。

1. 土建结构深化设计模型

通过 BIM 模型对土建结构部分，包括门窗结构、预留孔洞、预埋件位置以及各复杂部位的施工图进行深化，对关键复杂的墙板实行分隔，解决钢筋绑扎、顺序等问题。深化图纸还能够指导现场钢筋绑扎施工，从而降低了在工程施工阶段可能会出现的错误损失和返工的可能性。

2. 钢结构深化设计模型

钢结构深化设计的实质是利用计算机对构件进行预拼装，以达到"所见即所得"的效果。建筑物的结构杆件、节点连接、螺栓焊缝、混凝土框架梁柱等都可以利用三维模型实现，最终的结构组合模型与将来实际建筑完全一样。而且，经过深化后产生的加工详图（如布置图、构件图、零件图等）均是基于三视图原理投影而成的。

钢结构深化设计的过程（图 12-5）就是参数化建模的过程，输入的参数作为函数自变量（包括杆件的规格、材料、坐标、螺栓、焊缝形式、成本等）经过各种函数运算后被存储起来，形成模型数据库。可视化的模型以及可结构化的参数数据库，构成了钢结构 BIM 系统。当人们需要修改杆件的属性时，只需要对参数进行变更就能够完成，而且能够通过输出各种标准格式（如 IFC、XML、IGS、DSTV 等）与其他专业的 BIM 系统实现协同。

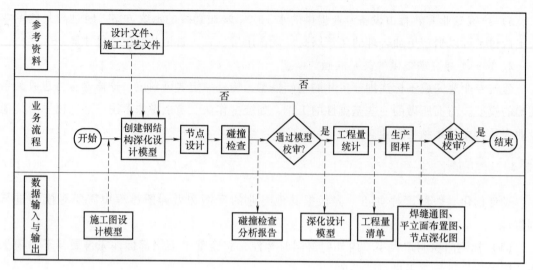

图 12-5 钢结构深化设计的过程

采用 BIM 技术对钢网架复杂节点进行深化设计，可以提前对关键部位的安装施工进行模拟，对施工方案做出比较选择，并采用三维模式指导施工技术，以便更直接地表达施工设计人员的意愿，进而减少了二次返工。

3. 管线综合深化设计模型

建筑物规模和使用功能复杂程度的扩大促使建设各单位对机电管线综合的要求越来越高。运用 BIM 技术，通过建立各学科的建筑信息模型，建筑设计者可以在虚拟的三维模式下迅速地找到设计中的碰撞问题，有利于提升管线综合的设计能力和工作效率。

管线综合深化设计方案主要依据及需要的资料如下：初设图或施工图，工程设备明细表，业主招标过程中对承包方的技术答疑及回复，以及相关的国家规范及行业标准。

管线深化设计的主要内容如下：

（1）明确管线布置 合理布置各专业管线，最大限度地利用建筑空间，并尽量减少由于管线冲突而引起的返工与二次施工。

（2）协调各专业管线 必须综合协调机房及各楼层建筑平面范围或吊顶内的各专业的路线，在已确定吊顶高度的情况下合理布置各专业管线，最大化地利用空间，同时必须确保机电各专业施工的有序进行，协调机电与土建、精装修工程的施工冲突。

（3）明确管线及洞口布置 确定管线和预留洞的精确位置，减少对整体结构施工质量的负面影响，并弥补原有设计缺陷，降低所造成的各项损失。核对所有设备的性能参数，提出完整的仪器设备清单，并核定各种设备的订货技术要求，便于采购部门的采购。同时将数据传达给设计部门，以检查设备基础是否符合要求，协助结构设计人员绘制大型设备基础图。

（4）明确设备布置 合理布置各专业机房的设备位置，以确保设备运行维修、安装等有足够的工作空间。

（5）管线维修检查 综合协调竖向管井的管线布置，以确保有足够多的空间进行各种管线的检修和更换工作。

（6）绘制竣工图　进行工程竣工图的制作，及时收集和整理施工图的各种变更通知单。在所有工程建设完成后，绘制出完整的竣工图，保证竣工图具有完整性和真实性。

4. 玻璃幕墙深化设计模型

玻璃幕墙深化设计模型主要是对于整幢建筑的幕墙建筑设计中的收口部位进行细化补充设计、进一步优化设计以及对局部不安全或不合理的地方加以改正后得到的建筑模型。基于 BIM 技术的幕墙二维节点图，在结构模型以及幕墙表皮模型中间建立不同节点的模型，然后根据碰撞检查、工程设计标准以及外观要求对节点进一步优化调整，从而建立完整的节点模型。最后，根据节点进行大面积建模。通过最终深化完成的幕墙模型，生成加工图、施工图以及物料清单。幕墙深化设计图如图 12-6 所示。

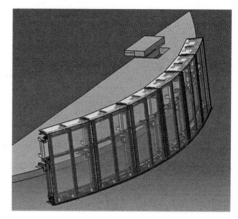

图 12-6　幕墙深化设计图

5. 建筑内装修深化设计模型

建筑装饰装修工程与建筑工程有相同的特点：工程量大、周期长；机械化建设施工程度差、生产效率低；工程资金投入大。同时，它与建筑工程相比具有以下不同特性：

（1）附着性　欲装饰的实体会附着各种要求的装饰材料。

（2）组合性（复杂性）　拼接不同材质装饰材料，连接各专业设备与装饰材料。

（3）多功能性　满足建筑物的声、光、感观、使用等多种用途。

（4）可更换性　装饰装修的施工不仅要保证牢固性和可靠性，还要保证装饰材料的可拆性能，方便后期的修理。

（5）工艺转换快　施工工序多，单道工序施工时间短。

预制构件（如梁、柱、阳台板、楼梯）深化设计如图 12-7~图 12-10 所示。

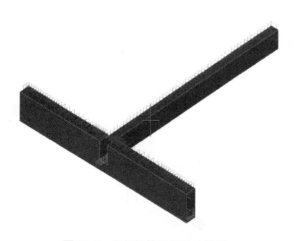

图 12-7　预制梁的深化设计模型

图 12-8　预制柱的深化设计模型

图 12-9　预制阳台板的深化设计模型

图 12-10　预制楼梯的深化设计模型

6. BIM 机电深化设计步骤

BIM 机电深化设计步骤如下：成立深化设计小组→明确设计思路→设计参数的收集→明确及统一各专业的绘图标准和图层、颜色及深化程度→提出深化设计大纲→各专业互相提供设计参数并提出配合条件→绘制各专业深化设计模型→将各专业深化模型出具的碰撞报告及安装所需的区域警告分析送业主和顾问审批→审批通过后修改机电综合模型→机电综合模型与精装修（土建、结构模型）核对无误后送业主和顾问审核→原设计单位批准→审批通过后生成施工模型并分发各相关专业施工班组→对现场施工人员进行机电深化设计模型展示和施工工艺技术交底→配合施工及对施工过程中发现的问题及时反馈并修改模型→绘制竣工模型。BIM 机电深化设计步骤如图 12-11 所示。深化设计模型及实际施工照片如图 12-12～图 12-15 所示。

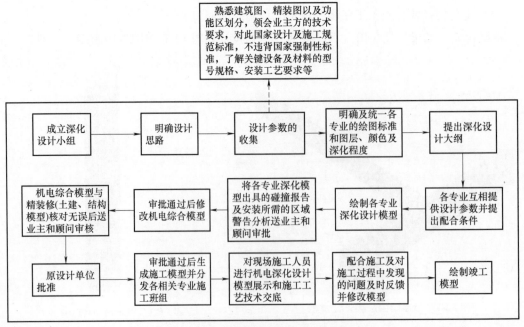

图 12-11　BIM 机电深化设计步骤

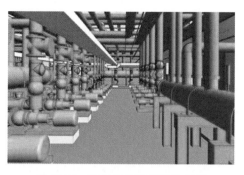

图 12-12　BIM 三维深化设计模型

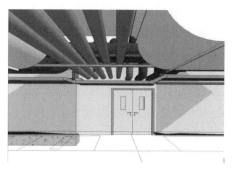

图 12-13　BIM 深化设计模型 1

图 12-14　实际施工照片 1

图 12-15　BIM 深化设计模型 2

图 12-16　实际施工照片 2

12.4.5　钢筋与预埋碰撞检查

"碰撞检查"是指通过 BIM 模型检测工具发现项目中图元之间的冲突。碰撞问题是 BIM 应用的技术难点，碰撞检测功能也是 BIM 技术应用初期最容易实现、最直观、最易产生价值的功能之一。

在 BIM 的设计中，负责各模块的结构设计师通常不是同一人，有时甚至不是同一个设计院，因此，有着各自的设计风格，在交流项目信息时，在二维平面图的显示中会存在误差，导致结构与结构之间可能会出现某些碰撞。这些碰撞问题可能是实际的硬碰撞，也可能是由于间距影响工作面的软碰撞。

在处理碰撞的问题时，工程师在 BIM 平台上对不同搭建的不同结构的模型进行整合，通过施工漫游及碰撞检查，分析结构间的碰撞点，并将碰撞点汇总整理后形成报告提交给项目部，进而反映情况给设计单位以及时解决问题。

12.4.6 专业间碰撞检查

1. 碰撞分类

一般在 BIM 中所指的碰撞主要包括硬碰撞（Hard Clash）和软碰撞两类，软碰撞也称为间隙碰撞（Space Clash），其包括了基于时间的碰撞需求。

（1）硬碰撞　物体与物体之间在空间结构上确实存在接触。这种碰撞类型在建筑设计阶段仍然极为普遍，尤其是在各专业之间缺乏统一标准、没有统一标高的情形下，常出现在结构梁、空调管道和给水排水管道三者之间。

（2）软碰撞　物体与物体之间在空间上虽然不产生真实的碰撞，但当二者之间的间距小于规范要求间距时则被认定为碰撞。该类碰撞的检测方法大多基于安全性考量，如水暖管道与电气专业的桥架都有最小间距要求的规定。可以根据专业之间所规定的最小间距要求检查最小间距是否达到设计要求，也可以同时检查管道设备是否遮挡墙上设置的插座、开关等。

2. 碰撞检查分类

（1）单专业碰撞检查　单专业综合碰撞的检测方法相对比较简便，只在单一专业内查找碰撞，由设计者将某一专业模型导入 Navisworks，然后直接进行分析即可。

（2）多专业的综合碰撞检查　由于多专业综合碰撞涉及暖通、给水排水、电气设备管道之间以及与结构、建筑之间，为做到准确快速的分析应注意以下两点：

1）一栋楼宇内的管道实体数量庞大，且排布复杂。如果一次全部进行碰撞检测，计算机运行速度和显示都非常慢，为了实现较高的显示速率和清晰度的目的，在实现功能的前提下，应尽量减少显示实体的数量，一般以楼层为单位。

2）由于各专业画图习惯相异，同时为了便于检查相邻楼层之间的管道设备，应注意空调及排水管道布置。空调设备管道一般在本层表示，而给水排水专业在本层表示的排水管道的物理位置实际在其下一层。

3. 主要工作

主要工作包括各个专业模块的模型提交、模型审查与修改、系统后台自动碰撞检查并输出检查结果、专业人员复核并查找有关图纸、撰写并提供碰撞检查报告。

对于常规的间隙碰撞，可以通过对模型建立透明的空间体量将软碰撞转化为硬碰撞。还有一个是基于时间的软碰撞，结合使用了 Timeliner、Animator、ClashDetetive 的功能。它将相关对象设置成动画，赋予时间参数对其进行模拟，通过动态的画面，检查碰撞点。

4. 主要注意事项

（1）整合模型　模型整合设置，在 Revit/ArchiCAD 中整理好需要进行碰撞检查的区域，导出 WC/IFC/DXF 格式。可分专业也可以合并成一个文件，将模型导入到 Navisworks 中，但前提是保证各专业模型的原点在同一个地方。

（2）测试模型　使用 Clash Detective 窗口顶部的"添加测试"命令。设置测试的规则主要是指"忽略对象"，有些基于模型原因的碰撞可以不需要导出报告，避免出现成千上万条错误信息，从而加大了工作量。注意勾选复合对象碰撞，减少重复碰撞问题。最后单击"运行检测"按钮即可。

（3）检测结果　根据检测结果可将问题分配给相应负责方，并设置问题状态，也可在显示设置中按需要调整画面，便于查找碰撞点。

（4）生成结果　生成有关已确定问题的报告，并分发下去以进行检查处理。推荐报告格式使用 HTML（表格），生成的报告可以更加直观，容易读懂。

12.4.7　协同与沟通

装配式建筑生产是指工业化的设计生产和运营管理模式。它以先进的工业化、智能化、信息化生产技术设备为主要工具，集成建筑投资、设计、生产、施工和生产运营等产业链，以进行建筑产业生产方式的转变和建筑产业运营组织模式的革新。大力发展现代装配式民用建筑产业是我国建筑业为加速实现国民经济可持续发展和产业转型改造升级的必然选择。

装配式房屋是指结构系统、外围护系统、电气设备与管线系统和内装系统的主体部分通过预先制作的部品部件组成的建筑。它是一种复杂的系统，涉及策划、设计、制造、装配、使用、维修等多个阶段，同时涉及建筑、结构、机电设备、装饰装修等多个专业。设计模式也由面向现场施工过渡为面向工厂加工和在现场进行拼装施工。这要求设计师必须以工业化、产业化、信息化的设计思维重新建立装配式建筑的设计理念。

装配式建筑的建筑特点是生产方式的全产业链工业化，主要表现在六大方面，包括标准化设计、工厂化生产、装配化施工、一体化装修、信息化管理和智能化应用等，还应当满足建筑全生命期运营、维护、改造等方面的要求。它从根本上克服了传统建筑施工方法的缺陷，突破了在工程设计、生产、施工、装修等各个环节各自为战的局限，从而达到了建筑产业链上下游的高度协调。

装配式建筑的设计主要有五个方面的特点：

（1）流程精细化　现代装配式建筑的设计工作过程相较于传统的建筑设计过程更加全面、综合和细致。在传统设计流程的基础上，又添加了前期技术策划和预制构件加工图设计两个设计阶段。

（2）设计模数化　模数化是现代建筑工业化的重要基础。通过对建筑模数的严格限制，能够达到对建筑、构件和部件的高度统一，从而能够对部品部件实现模块化组合，使装配式建筑走向标准化设计。

（3）专业配合一体化　在装配式建筑的设计阶段，应与各专业和构配件制造商全面协作，实现主体结构、预制构件、设备管线、装饰部品和施工组织的一体化协作，以完善设计成果。

（4）成本精准化　零部件的制造与加工直接参考装配式建筑的设计结果，在相同的装配率下，投资成本将直接受预制构件的拆分方案影响。因此，工程设计的合理性直接影响到实际施工的成本。

（5）技术信息化　BIM 是利用数字来表达建设项目的几何、物理和功能信息，支持项目全生命周期的决策、管理、建设和运营的技术和方法。建筑设计中可以通过 BIM 技术来提高预制构件的设计完成度与准确率。

12.4.8　调整优化设计

建筑结构设计优化是一项复杂又系统的工作，一般被归入综合决策部分。在实际的结构优化环节，设计者们往往在充分考虑建筑物的结构安全功能基础上兼顾其经济效益。人们通过对能够导致建筑结构遭受损伤的多种原因进行研究，发现最难控制的因素就是地震对建筑物产生的作用力，由于这个作用力很大且发生的情况难以预测，所以，在优化建筑结构设计的时候，就需要使用各种方式以实现增强建筑结构抗震的能力。

若在设计方案中出现了一些原因而不利于工程结构的抗震，则必须对其做出适当调节，若无法调整，则应放弃该方案。在建筑结构设计优化的帮助下，建筑结构在整体刚度方面应该取得均匀、对称的效果，这样便有效提高了建筑结构在强烈地震影响下的稳定性。此外，在我国建筑实际工程设计环节还应综合运用其他优化的工程设计方法来提高建筑的抗震能力，如延性设计（延性设计能够很好地保护地震中的建筑免受脆性破坏）和多道设防的设计方法（多道设防是指当出现剧烈地震时，可以"牺牲"部分次要结构来吸收地震能量，以减少地震对建筑主体结构的破坏）。

根据当前社会建筑行业发展趋势，随着高层住宅与高层建筑的建筑结构层数越来越多，建筑总面积也会增加，则单位建筑面积在建筑用地面积中占比会减小，以实现节约土地的目标。据此，在建筑结构设计的优化过程中应对建筑物房顶进行设计规划，以确保该项工程的成本下降。

在建筑结构设计的过程中，建筑墙体与柱体的体积会因为建筑物自身层高的增加而扩大，水、电等的管线也会相应加长，因此建筑施工成本也会上升；相反，若降低层高，可节省建筑成本，同时由于建筑总高度的降低，建筑之间的距离也会缩小，节约用地。在建筑面积相同的情况下，由于不同类型的建筑平面形状的外墙周长有所不同，因此如果选用圆形或是更接近于方形时，外墙的周长系数就越小，基础、外墙砌体、内外表面装饰面积都相应降低，同时其承载力也会提高，增强建筑的经济性能。与传统的结构设计相比，通过结构设计的优化方案可以使建筑工程总造价降低 6%～34%。

12.4.9　校核出图

1. 对模型图元的尺寸标注与注释说明

在 Revit 的尺寸标注里面，对齐与线性标注、弧标注、高程标注都能够很简单地实现，在类型属性里面可以设置标注样式。线性标注的类型属性如图 12-17 所示。

图元的注释与标记包括了自动标注和手动标注，全部的标记命令会出现标记重叠杂乱现象，因此应根据具体需要选择不同的标记类型，但如果系统中自带的标记族文件没有我们需要的相关信息时，可以根据需要修改"标记"族文件或新建族文件。标记操作界面如图 12-18 所示。

图 12-17　线性标注的类型属性

图 12-18　标记操作界面

2. 图层设置

图层设置主要包括管线颜色设置、管线附件等颜色的设置、机械设备边框的颜色设置、注释颜色设置、连接文件图层管理、图层名称管理。

3. 标准图纸创建

Revit 里面的图框是以族的形式存在的，如果需要调用图框时可按照要求对图框进行调整，以适应实际项目需要。

4. 图纸目录的建立和整体布局

对于一个完整的模型文件，出图时往往要求分专业出图，每个专业管线联系较为密集的话也可以分系统出图。如，可以将图纸分为空调风系统、空调水系统两张专业图纸和一张综合图纸，若模型制图的时候不是分别制图的，出图时也可采用过滤器用过滤方式出图，但出图时过滤器过滤条件一定要综合满足过滤要求，并且各个专业图纸要有统一的命名规则。过滤器的使用如图 12-19 所示。

5. 导出 CAD 图

所有设置完成，而且命名正确，保存出图，有需要的话可在导出的 CAD 图中对图纸进行微调。导出 CAD 图如图 12-20 所示。

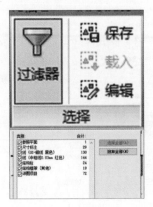

图 12-19　过滤器的使用

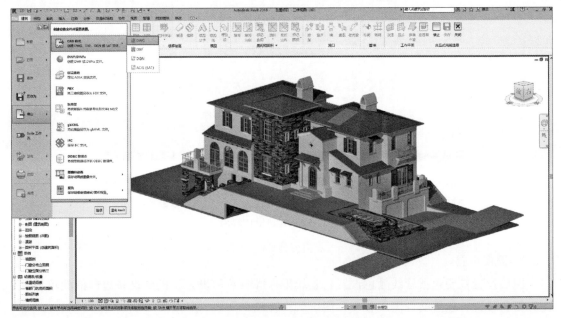

图 12-20　导出 CAD

■ 12.5　BIM 技术在构件生产中的应用

　　工厂生产环节是装配式建筑建造中特有的环节，也是构件由设计信息化为实物的阶段。为了使预制构件实现自动化生产，BIM 设计信息通过集成信息化加工系统（CAM）和 MES 技术信息化自动加工，并输入工厂中央控制系统，转化成机械设备可读取的制造数据信息，并经过工程中央控制系统将 BIM 模型中的构件信息直接传送给生产设备自动化精准加工，提高作业效率和精准度。工厂化生产和信息化管理可以结合 RFID 信息技术与二维码等物联网技术及移动终端技术进行排产计划、物料采购、模具加工、生产控制、构件质量、仓储和运输等信息化工程监管。预制构件的全生命周期（生产加工中技术工艺管理、材料管理、生产管理、质量管理、文档管理、成本管理、成品管理等）宜应用 BIM 技术。

部品部件的制造基地、加工产品，在产品模块准备、产品加工、成品管理等流程中应符合工业化生产的特点，并符合制度精度、运输品质控制、加工装配精度的规定。

生产、制作过程实施前应基于建筑信息模型，通过 BIM 技术获取工程量，再根据材料采购计划、排产计划以及工厂设备生产、加工能力等，对构（配）件部品实施分批生产、加工，并在构件生产和质量验收阶段形成有关构件生产的进度信息、成本信息和质量追溯信息。构（配）件的划分应体现合理化和经济效益。

部品部件的生产制作信息应在成品管理控制阶段及时反馈到构件加工模型中，确保模型信息的准确性和时效性。

所有预制构（配）件、部品在交付运输与时和装配前应附加条形码、二维码或无线射频芯片等形式的电子信息编码。信息编码内容见表 12-1。

表 12-1　信息编码内容

设计信息	构（配）件的几何特征及非几何信息（包含定位尺寸和坐标），安装部位、结构的基本组成、装配图、构造做法、制造、运输、施工注意事项
生产信息	模具图、生产信息（包含物料数据、生产班次、生产人员信息）、质检信息、出厂合格证、物流清单及使用说明、运输及施工注意事项、构件安装步骤、节点处理方法、构件与三维建模技术的相关索引信息
运输信息	物料清单、运输的注意事项、交接信息
施工信息	交接信息、测量及安装信息、竣工信息、质检信息
监理信息	是否满足工程设计及规范要求及质检信息
运营维护信息	包含上述信息，并对主要注意事项进行提醒

通过使用 3D 实时扫描技术，对构件进行虚拟拼装、仿真模拟，判断加工时可能出现的误差，及时调整相应精度，实现构配件的无缝衔接。

建筑装配完成后及时对建筑质量进行核实检测，装配的完成状况信息实时附加关联到建筑信息模型，以加强预制加工产品的全生命周期管理。

BIM 技术在装配式建筑生产制造阶段应用时交付成果应包含：部品部件的加工模型、加工图、装配图，以及相关的技术参数、装配要求等。

■ 12.6　BIM 技术在物流运输中的应用

互联网与 BIM 相结合的最大优势在于信息内容准确、丰富，传递速度快，有效降低了人工录入信息可能出现的错误。通过基于网络的预制装配式建筑施工管理平台，利用 RFID 技术、GIS 技术，进行预制构件出厂、运输、进场和装配过程的信息采集和跟踪，并利用网络和云平台上的建筑信息模型直接完成现场信息传递，工程项目参与各方都能够利用基于互联网的施工管理平台直接完成对构件施工质量和进度的追踪管理。基于网络技术的预制装配式建筑施工管理平台的建设包括 4 个业务流程，如图 12-21 所示，分别对预制构件产品出厂、装运、进场、吊装的每个环节实施跟踪管理。

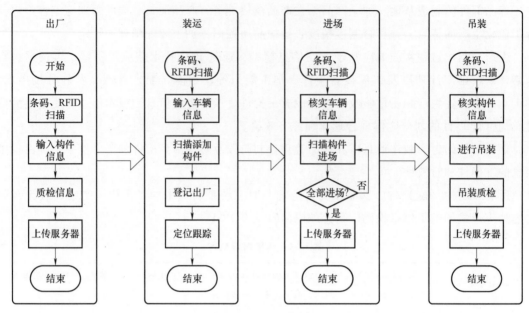

图 12-21 业务流程

在出厂环节，应用条形码扫描技术对机动车进行鉴定。这一环节由出厂管理者进行，录入车辆信息包括车牌号、驾驶人信息等。确定车辆信息后，对所有准备出厂的预制构件进行扫描确认，自动完成预制构件与车辆的关联及出厂记录。

GPS 定位完成对货运车辆情况的跟踪，运输途中可随时对车辆位置、车辆信息及所载预制构件信息进行查看。

进入施工现场时，通过条形码扫描技术提取车辆信息后，由进场管理员开始核对车辆信息，核对通过后对车载的预制构件进行扫描，从而自动完成了构件的进场记录。进场扫描操作完成后，控制系统会自行对车辆装载的构件进行清点，但如果仍未入场或缺失遗漏了预制构件，系统会给出提示，继续进行进场扫描，直到车载的构件全部进场登记。

在预制构件吊装施工过程中，通过 RFID 扫描技术获取构件信息内容，包括预制构件安装位置及要求等多种属性。吊装完成后由吊装管理员进行质量检查，并将结果上传服务器永久存档。

■ 12.7 BIM 技术在现场施工中的应用

12.7.1 施工现场组织及工序模拟

BIM 技术可以实现 PC 构件在现场施工浇筑之前的吊装施工模拟，及时地对施工方案进行优化。由于吊装构件的尺寸不宜过大，导致拆分后的预制构件品种数量较多，加工装置繁杂，通过吊装模仿可以直观地显示施工标准层的施工工艺流程，以此作为实际施工的指引。另外，在模仿过程中也能发现一些工程常见问题，有利于项目部在现场吊装之前对施工方案进行必要的调整。

将施工进度计划与 BIM 信息模型与构件加以关联，完成空间信息与时间信息在一个可视化的 4D 模型中的集成后，就能够直观、准确地反映整个建筑的施工流程。

12.7.2　施工模拟

管线碰撞、设施碰撞是在施工现场经常遇到的问题。与传统的建筑设计不同，各构件的三维实体模型都可以通过 BIM 技术实现，碰撞检查也只需选取需要检测的模型类别，通过 BIM 相关软件自带的程序 "协作" 菜单中的 "碰撞检查" 命令即可实现，并可以生成冲突报告。碰撞检查如图 12-22 所示。

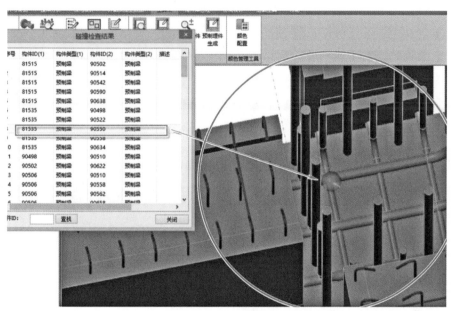

图 12-22　碰撞检查

通过对关键部位与建筑重要节点进行模拟与预演，可以提前让工人熟悉现场情况和施工措施，在实际施工时提高施工效率。施工模拟如图 12-23 所示。

图 12-23　施工模拟

■ 12.8　BIM 技术在装饰装修中的应用

建筑装饰装修是建筑建造过程中的组成部分之一，但目前装饰装修的管理比较落后，一定程度上限制了建筑装饰装修模块的发展。由于建筑信息模型包含了建筑全生命周期的所有信息，在 BIM 软件设计出图时就降低了图纸的重复率与专业间互相矛盾的可能性。装饰装修过程的信息同样可以在 BIM 软件中提取出利于专业协同。

利用 BIM 技术可以绘制各种装饰构件的三维模型，如室内墙面、地面、吊顶、隔断等，使设计与施工达到可视化。某项目效果图如图 12-24 所示。

图 12-24　某项目效果图

在建筑信息中，设计师可以查看模型的任意角落，判断不同材质、饰面、灯光等带来的不同视觉效果，在模型中进行进一步的设计，保证了设计的质量，减少了返工的可能。某室内设计效果图如图 12-25 所示。

室内设计较建筑设计、结构设计更加重视建筑的各细部结构。家具、饰面的质量及颜色和采光等都会影响室内设计的最终效果。通过 BIM 技术，设计师在初步设计和后期修改深化阶段都能真实且可视化地表达自己的想法。为了更加接近于现实的视觉效果，可以对建筑信息模型进行渲染操作，实现"所见即所得"。某室内装饰渲染效果如图 12-26 所示。

图 12-25　某室内设计效果图

图 12-26　某室内装饰渲染效果图

■ 12.9　BIM 技术在装配式运维阶段的应用

建筑信息模型将建筑全生命周期内的各种相关信息集成在一起，项目相关人员可以通过模型查找到建筑的勘察设计信息、规划信息、结构尺寸、结构受力等信息。在故障检测和建筑维修时，运维人员必须要知道维修之处的各种信息，如设备、材料等建筑构件的所处位置，根据这些信息得出不同的维修方案。对于传统的建筑，新手运维人员通常根据设计图判断设备构件的位置，有多年实际经验者则根据以往经验配合图纸来确定空调、煤气及水管等的设备位置。无论是对于设备管理者，还是对于运维人员，维修工作虽然是重复的，但都是耗时耗力的，工作效率很低。而建筑信息模型的建立使得构件定位变得准确而快速，同时通过构件的查询可以显示与传送构件的相关信息。

12.10　基于 BIM 技术的协同应用

协同设计一词在当今的建筑业频频被人提起，而它的本质就是一个项目所有相关专业的设计数据都能在一个健全的团队组织里显示，从项目初始至项目完成，便于各专业的设计人员互相查看与利用其他专业的数据信息。

设计人员可以通过对建筑信息模型中的材料、工艺、设备、造价等信息进行分析，可以实现项目更高层次的专业协同。

BIM 技术提前实现了设计、生产与施工的统筹考虑，使构件在生产前就可以模拟安装，协同了建筑、结构与设备三大专业，各专业在同一平台共享数字化信息实现协同（图 12-27）。模拟过程可以发现施工的碰撞之处，及时对构件尺寸与位置进行修改优化，保证实际现场施工的可行性。通过一次次对方案的调整优化，确定最终的施工最佳方案，施工方据此施工，完成工程项目，通过 BIM 技术实现设计、指导和安装之间的协调（图 12-28）。

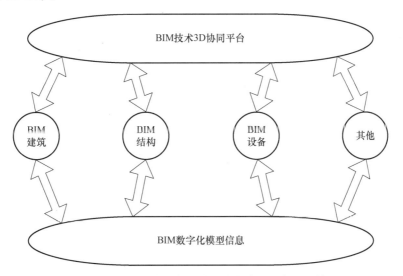

图 12-27　各专业在同一平台共享数字化信息实现协同

当 BIM 软件中的 3D 信息模型数据与建筑设计、结构设计以及实际生产制造、施工等发生冲突时，只需保证信息模型的修改与优化是在同一参数下，就可以保证与该参数相关的各个模型都能实现同步修改。这样就可以提前避免在构件生产后出现构件生产错误问题，高度协调了设计、生产与施工三个过程，施工工期与造价得到合理的保证。基于 BIM 的 3D 协同设计过程如图 12-29 所示。

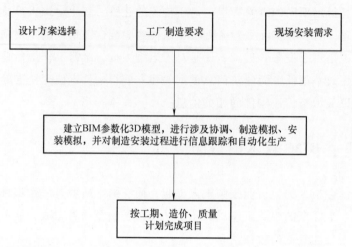

图 12-28 通过 BIM 技术实现设计、指导和安装之间的协调

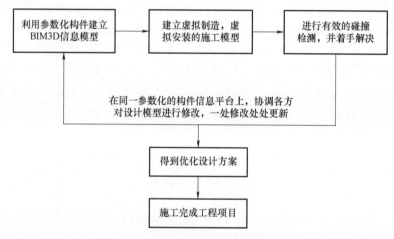

图 12-29 基于 BIM 的 3D 协同设计过程

 知识归纳

1. 建筑信息模型（Building Information Modeling，BIM）是指在建设工程及设施的规划、设计、施工以及运营维护阶段全生命周期创建和管理建筑信息的过程，实现建筑全生命期各参与方在同一多维建筑信息模型基础上的数据共享。

2. BIM 技术是一种多维（如三维空间、四维时间、五维成本、N 维更多应用）模型信息集成技术。

3. BIM 的特点：可视化、协调性、模拟性、优化性和可出图性。

4. BIM 应用流程：规划阶段→设计阶段→施工阶段→运营阶段。

5. 装配式建筑的核心是"集成化"，BIM 方法是"集成化"的主线。

6. 建筑全生命周期划分为四个阶段，即工程规划阶段、建筑设计阶段、建筑施工阶段、运营阶段。

7. 建筑性能分析主要包括：能耗分析、光照分析、设备分析、绿色评估。

8. 硬碰撞是指实体与实体之间交叉碰撞，软碰撞是指实际并没有碰撞，但间距和空间无法满足相关施工要求（安装、维修等）。软碰撞也称为间隙碰撞，包括基于时间的碰撞需求，指在动态施工过程中，可能发生的碰撞，例如场布中的车辆行驶、塔式起重机等施工机械的运作。

9. 碰撞检查分为单专业碰撞检查和多专业的综合碰撞检查。

10. 装配式建筑的建筑特征：标准化设计、工厂化生产、装配化施工、一体化装修、信息化管理和智能化应用。

11. 装配式建筑设计工作的 5 个特点：流程精细化、设计模数化、专业配合一体化、成本精准化、技术信息化。

习　题

1. BIM 技术是一种多维模型信息集成技术，其中包含（　　）。（多选题）

A. 三维空间　　　　　B. 四维时间　　　　　C. 五维成本　　　　　D. N 维更多应用

2. 建筑性能分析主要包括（　　）。（多选题）

A. 能耗分析　　　　　　　　　　　B. 光照分析

C. 风环境模拟分析　　　　　　　　D. 绿色评估

E. 设备分析

3. 小组讨论：目前大家各自都知道哪些 BIM 的软件？各自有什么用途？

4. 小组讨论：BIM 技术在装配式建筑设计阶段中有哪些应用价值？

参考文献

[1] 叶明. 装配式建筑概论 [M]. 北京：中国建筑工业出版社，2018.

[2] 郭学明. 装配式建筑概论 [M]. 北京：机械工业出版社，2018.

[3] 汤建新，马跃强. 装配式混凝土结构施工技术 [M]. 北京：机械工业出版社，2021.

[4] 王俊，赵基达，胡宗羽. 我国建筑工业化发展现状与思考 [J]. 土木工程学报，2016（5）：1-8.

[5] 顾泰昌. 国内外装配式建筑发展现状 [J]. 工程建设标准化，2014（8）：48-51.

[6] 齐宝库，张阳. 装配式建筑发展瓶颈与对策研究 [J]. 沈阳建筑大学学报（社会科学版），2015，17（2）：
    156-159.

[7] 刘美霞. 国外发展装配式建筑的实践与经验借鉴 [J]. 住宅产业，2016（10）：16-20.

[8] 李海建，冀志江，孙义永. 装配式建筑的发展现状和前景分析 [J]. 中国建材科技，2017，26（3）：
    72-75.

[9] 马驰，李莹，马泽琛. 浅谈装配式建筑的施工技术 [J]. 中国住宅设施，2021（10）：1-2.

[10] 张振明，王善库. 浅谈装配式建筑工程技术和发展趋势 [J]. 四川建材，2021，47（4）：34-35.

[11] 王华生. 大板的材料性能与大板建筑结点构造 [J]. 硅酸盐建筑制品，1979（1）：40-46.

[12] 中华人民共和国住房和城乡建设部. 装配式混凝土建筑技术标准：GB/T 51231—2016 [S]. 北京：中
    国建筑工业出版社，2017.

[13] 上海市城市建设工程学校. 装配式混凝土建筑结构施工 [M]. 上海：同济大学出版社，2016.

[14] 杨正宏. 装配式建筑用预制混凝土构件生产与应用技术 [M]. 上海：同济大学出版社，2019.

[15] 马张永，王泽强. 装配式钢结构建筑与 BIM 技术应用 [M]. 北京：中国建筑工业出版社，2019.

[16] 夏壮，朱黎明，韩乐雨，等. 装配式钢结构建筑外墙体分类与研究现状 [J]. 河南大学学报（自然科
    学版），2021，51（6）：728-738.

[17] 崔龙丹. 装配式钢丝网架自保温夹心板力学及耐火性能研究 [D]. 邯郸：河北工程大学，2018.

[18] 郭彦林，周明. 钢板剪力墙的分类及性能 [J]. 建筑科学与工程学报，2009，26（3）：1-13.

[19] 张树君. 装配式现代木结构建筑 [J]. 城市住宅，2016，23（5）：35-40.

[20] 孙丽萍，崔哲魁. 我国木结构建筑产业发展的 SWOT 分析 [J]. 林业机械与木工设备，2021，49（11）：
    66-69.

[21] 费本华，王戈，任海青，等. 我国发展木结构房屋的前景分析 [J]. 木材工业，2002，16（5）：6-9.

[22] 安百平，崔文涛，赵桂云，等. 装配式建筑外围护系统分析 [J]. 建筑技术，2018，49（S1）：191-193.

[23] 许瑛. 装配式建筑预制混凝土外挂墙板设计研究 [J]. 建筑技艺，2016（10）：82-84.

[24] 杨真真. 外墙保温技术与建筑节能材料的应用 [J]. 四川水泥，2015（12）：171.

[25] 李永德. 蒸压加气混凝土板材墙体施工应用效果浅析 [J]. 低碳世界，2021，11（4）：134-136.

[26] 孔令虎. GRC 复合外墙系统在建筑工程中的应用及探讨 [J]. 居舍，2017（22）：32；60.

[27] 冯雪庭. 装配式建筑外墙的精细化设计 [D]. 南京：东南大学，2018.

[28] 孙庆霞，刘广文，于庆华. BIM 技术应用实务 [M]. 北京：北京理工大学出版社有限责任公司，2018.